ATLAS

DE L'HISTOIRE

DU

CONSULAT ET DE L'EMPIRE

PAR M. A. THIERS

LISTE DES CARTES

PARIS. — IMP. SIMON RAÇON ET COMP., RUE D'ERFURTH, 1.

ATLAS

DE L'HISTOIRE

DU

CONSULAT ET DE L'EMPIRE

DRESSÉ ET DESSINÉ

SOUS LA DIRECTION DE M. THIERS

PAR

MM. A. DUFOUR ET DUVOTENAY

GRAVÉ EN RELIEF PAR M. GILLOT, INVENTEUR DE LA PANICONOGRAPHIE

BIBLIOTHÈQUE IMPÉRIALE — IMP.

PARIS

LHEUREUX ET Cie, LIBRAIRES-ÉDITEURS

RUE DE SEINE, 51

1866

DÉPOT LÉ...
Seine
N°
1863

CARTE DE LA SOUABE DE LA SUISSE ET DU PIÉMONT.

Dessiné par J. H. Dufour.   Publié par Lheure.   Gravé par Ch. Dyonnet.

Kilomètres.   Lieues communes de France.

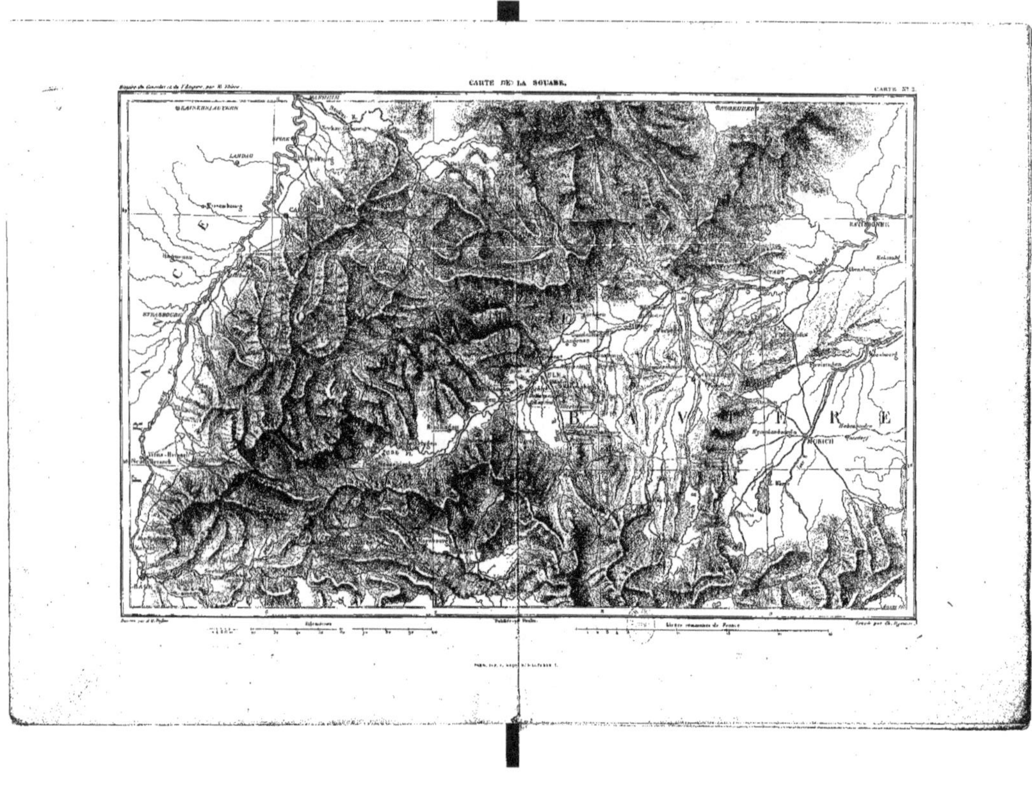

Histoire du Consulat et de l'Empire, par M. Thiers.
CARTE DE LA SOUABE.
CARTE N° 2.

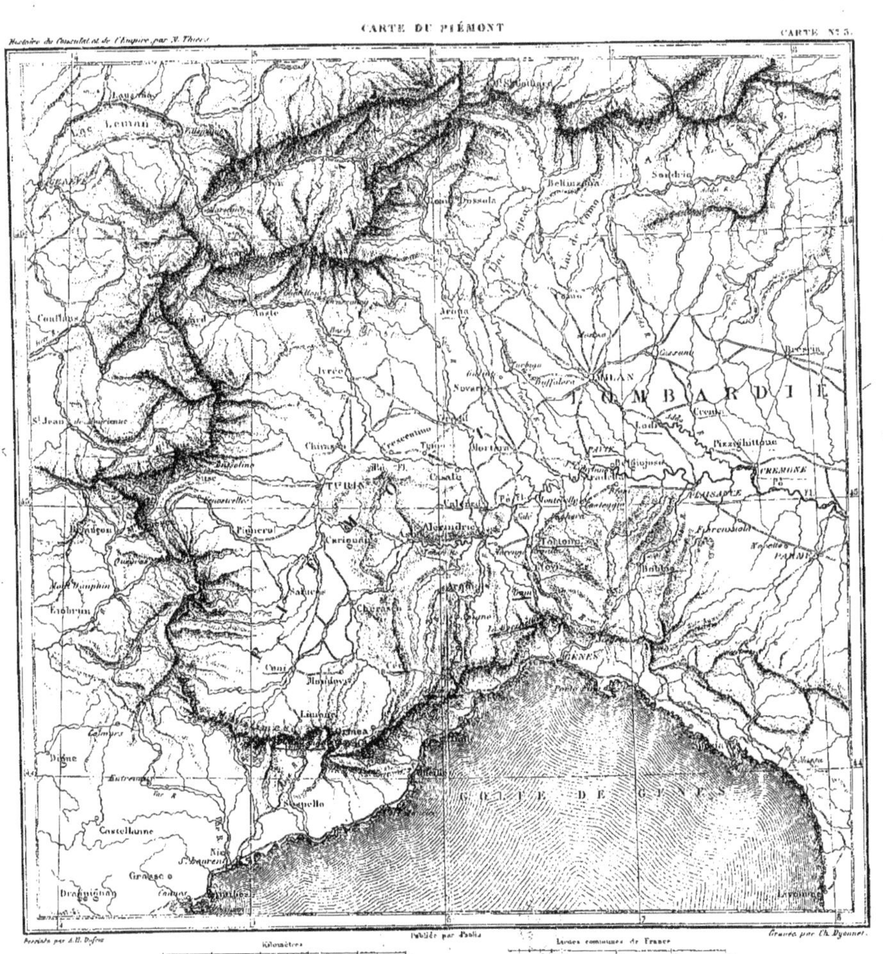

PARIS. IMP. S. RAÇON, R. D'ERFURTH, 1.

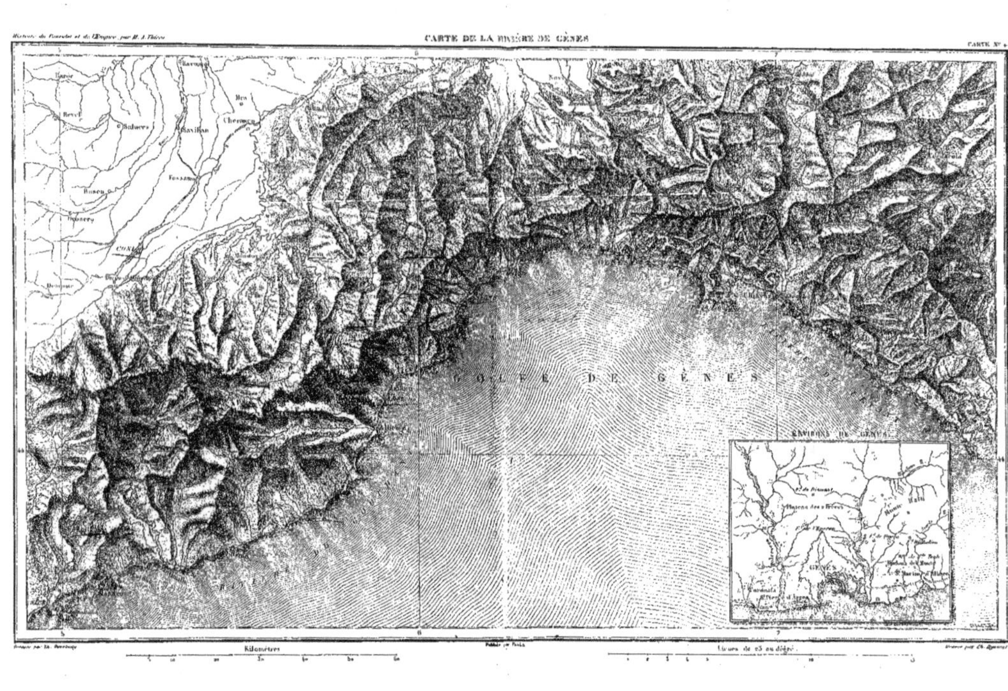
Histoire du Consulat et de l'Empire par M. A. Thiers
CARTE DE LA RIVIÈRE DE GÊNES
CARTE N° 4
GOLFE DE GÊNES
ENVIRONS DE GÊNES
GÊNES
Kilomètres
Publié à Paris
Lieues de 25 au degré

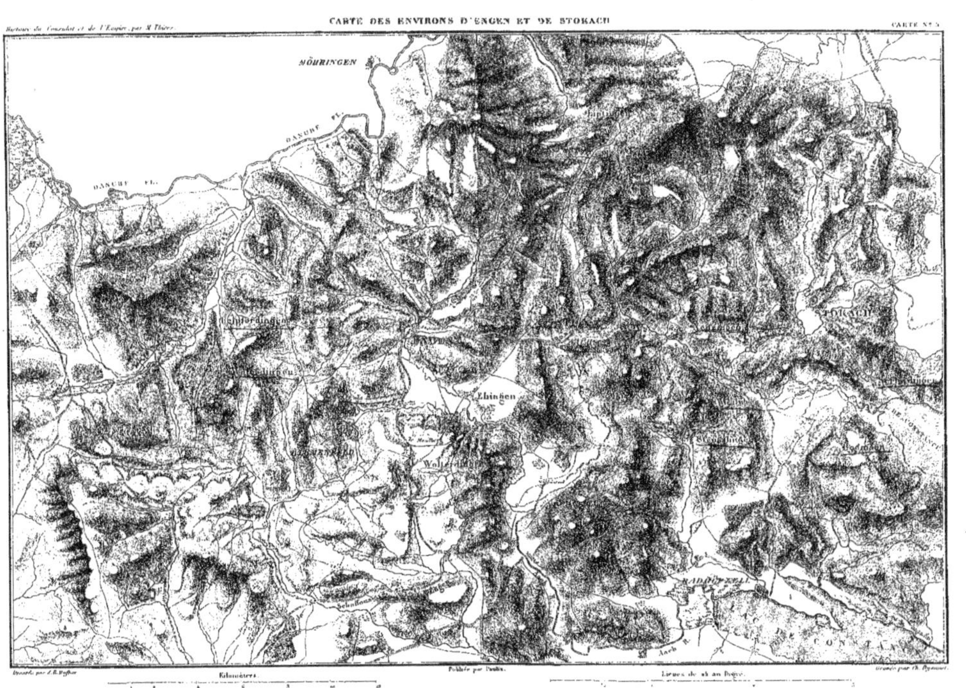

Histoire du Consulat et de l'Empire, par M. Thiers.
CARTE DES ENVIRONS D'ENGEN ET DE STOKACH
CARTE N° 5
MÖHRINGEN
DANUBE FL.
DANUBE FL.
Ehingen
Woll
RADOLFZEL
Aach R.
LAC DE CONSTANCE
Dessiné par J. B. Hoffman.
Publié par Paulin.
Gravé par Ch. Dyonnet.
Kilomètres.
Lieues de 25 au Degré.
PARIS IMP. E. LACOUR & Cie DUNESNIL.

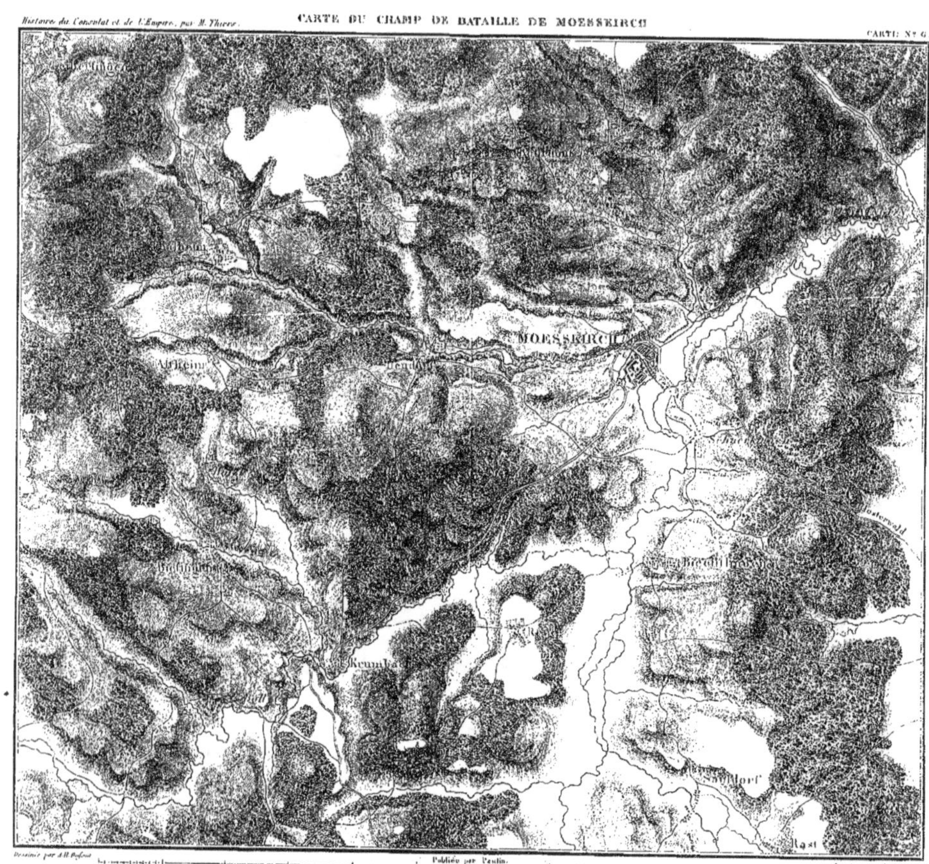
MOESSKIRCH
Krumbach
Rast
Dessiné par A. H. Dufour
Publié par Paulin.

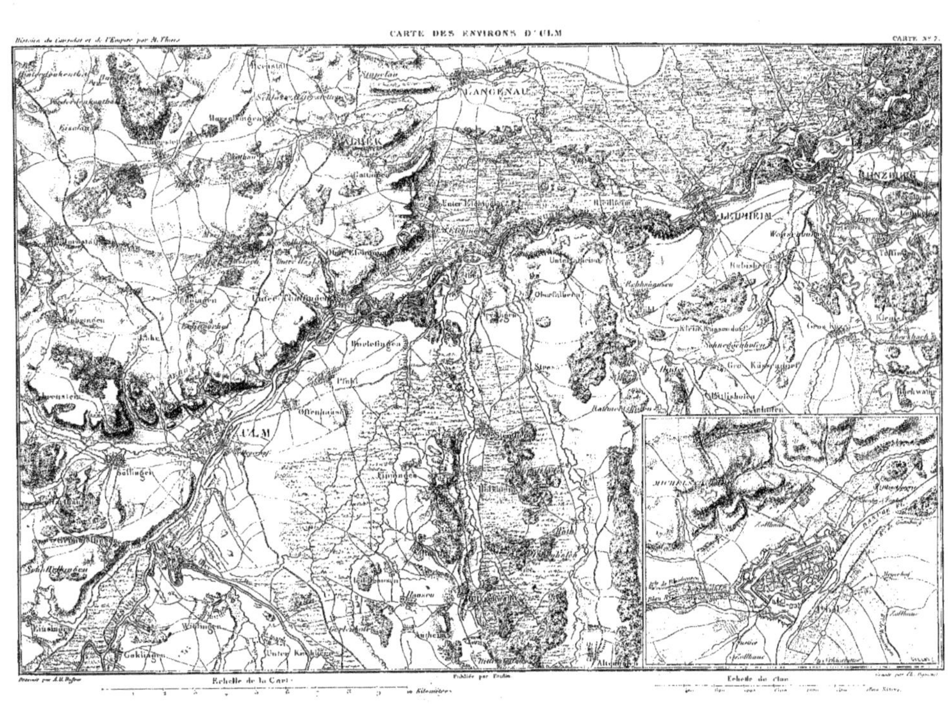
CARTE DES ENVIRONS D'ULM
CARTE N° 7
LANGENAU
GÜNZBURG
LEIPHEIM
ULM
Echelle de la Carte
Publiée par Furne
Echelle du Plan

CARTE DU VALAIS ET DE LA VALLÉE D'AOSTE

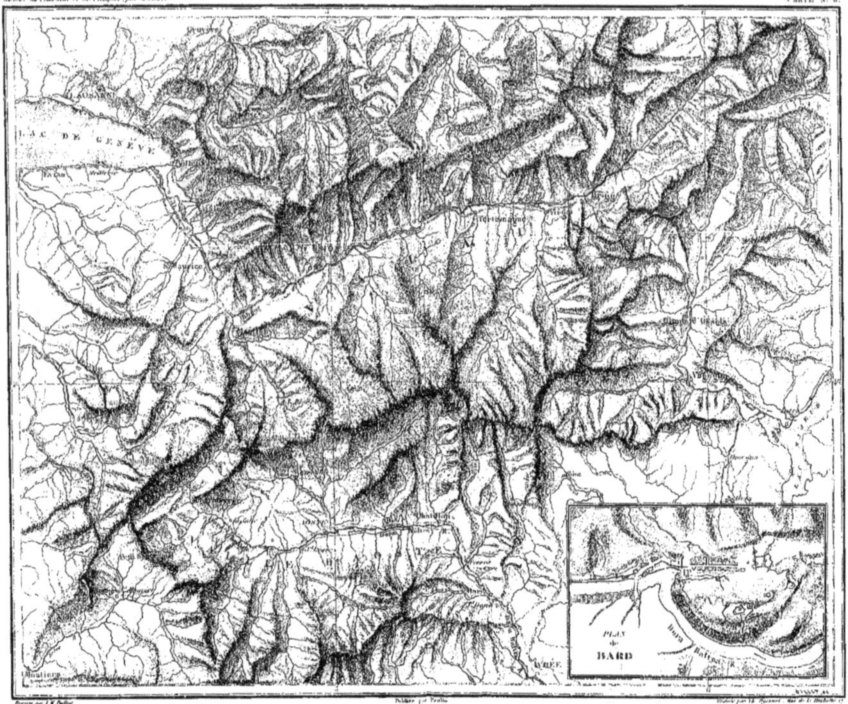
LAC DE GENÈVE
IVRÉE
PLAN de BARD

Dressé par A. H. Dufour — Publiée par Paulin — Gravé par Ch. Hacquart, Rue de la Huchette 17

Kilomètres.

Lieues de 25 au degré.

Citadelle
ALEXANDRIE
CASTEL CERIOLO
la Ghilina
MARENGO
La Stortigliana
Grande Route
d'Alexandrie a Plaisance
St GIULIANO
Cassina Grossa
Chemin d'Alexandrie
Salé

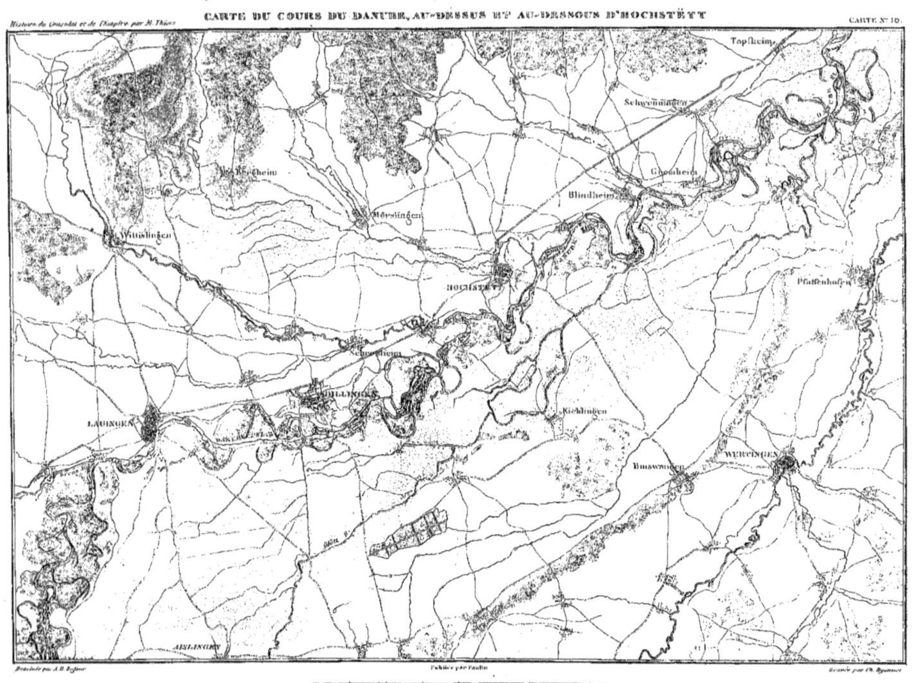

Histoire du Consulat et de l'Empire par M. Thiers
CARTE N° 10.
Topſheim
Schwenningen
Gremheim
Blindheim
Möttingen
Rercheim
Mörslingen
Wittislingen
HOCHSTETT
Pfaffenhofen
Schwenningen
DILLINGEN
Kicklingen
LAUINGEN
Steinhein
Buswangen
WERTINGEN
AISLINGEN
Dessiné par A. H. Dufour
Publié par Paulin
Gravé par Ch. Dyonnet
2 000 Mètres
PARIS. IMP. E. MARTINET, R. D'ENGHIEN, 1.

CARTE DE LA PLAINE D'HÉLIOPOLIS

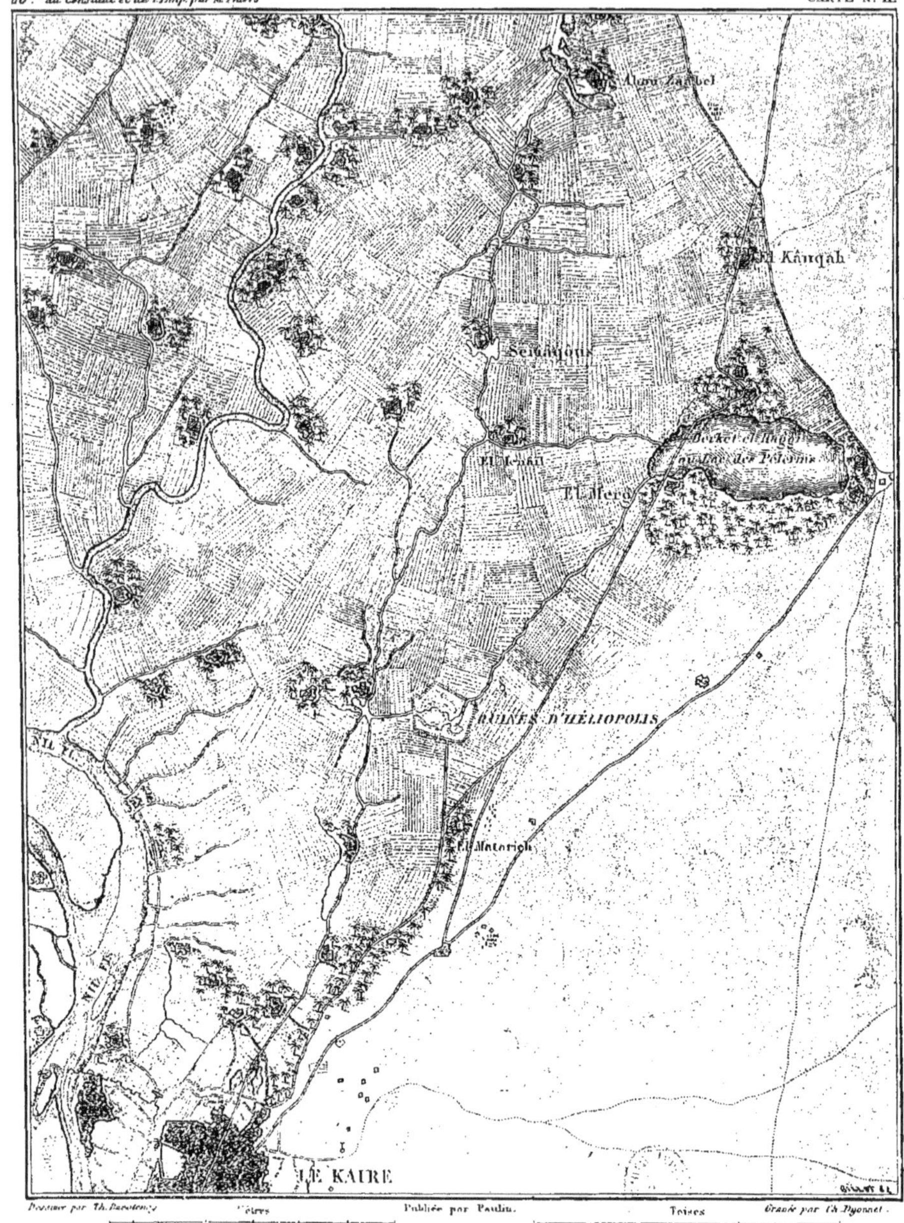

Dessiné par Th. Duvotenoy.   Mètres   Publiée par Paulin.   Toises   Gravée par Ch. Dyonnet.

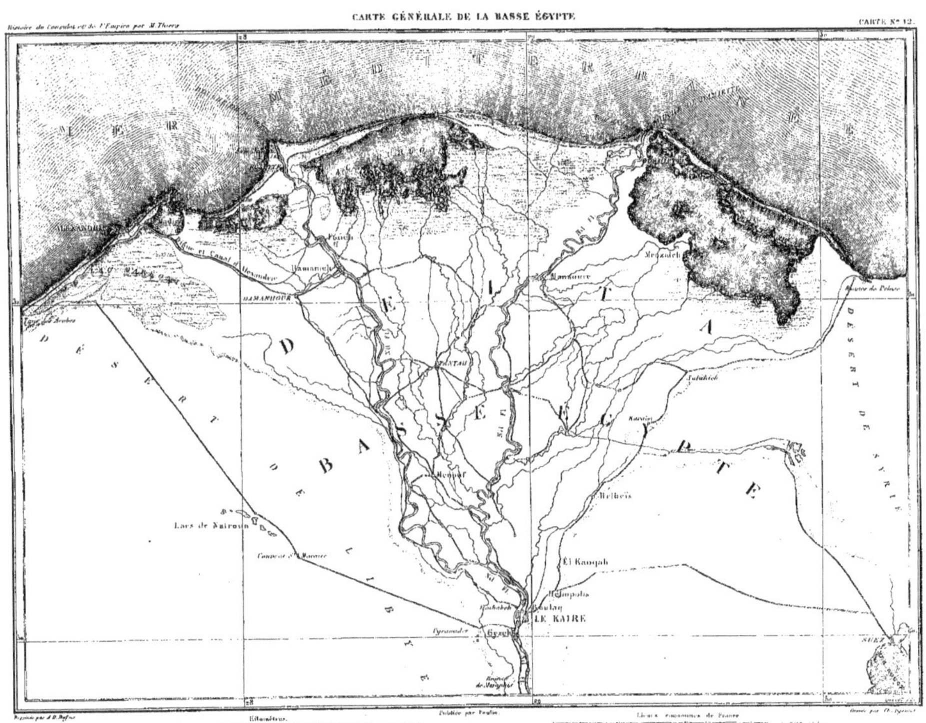

PARIS, IMP. S. RAÇON ET D'HENRION, 1.

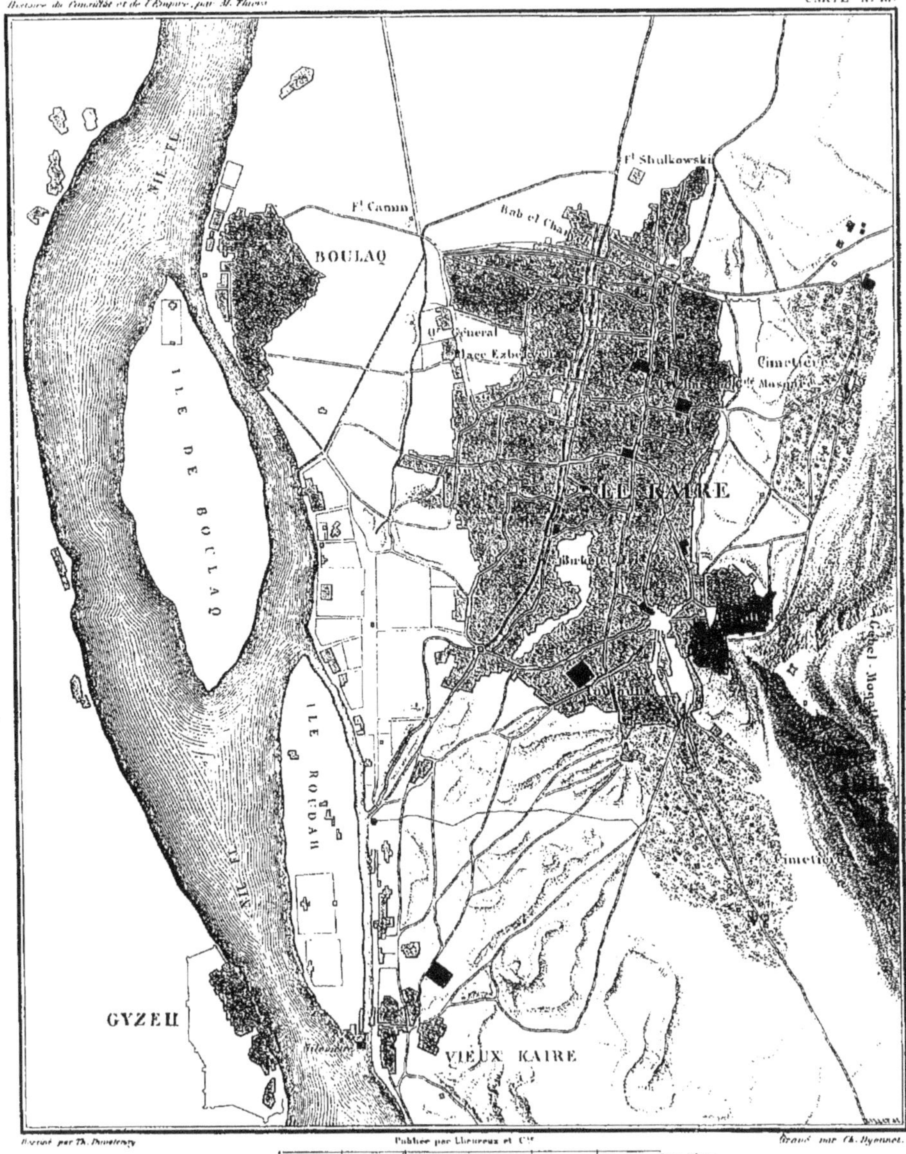

PARIS, IMP. S. RAÇON, R. D'ERFURTH, 1.

CARTE DE LA VALLÉE DU DANUBE.
CARTE N° 14

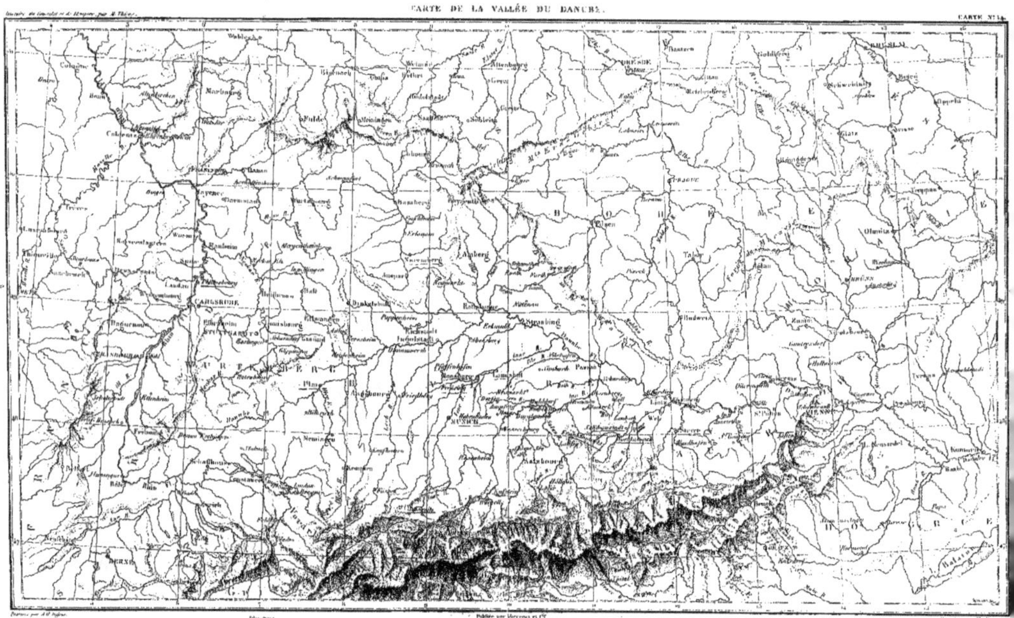

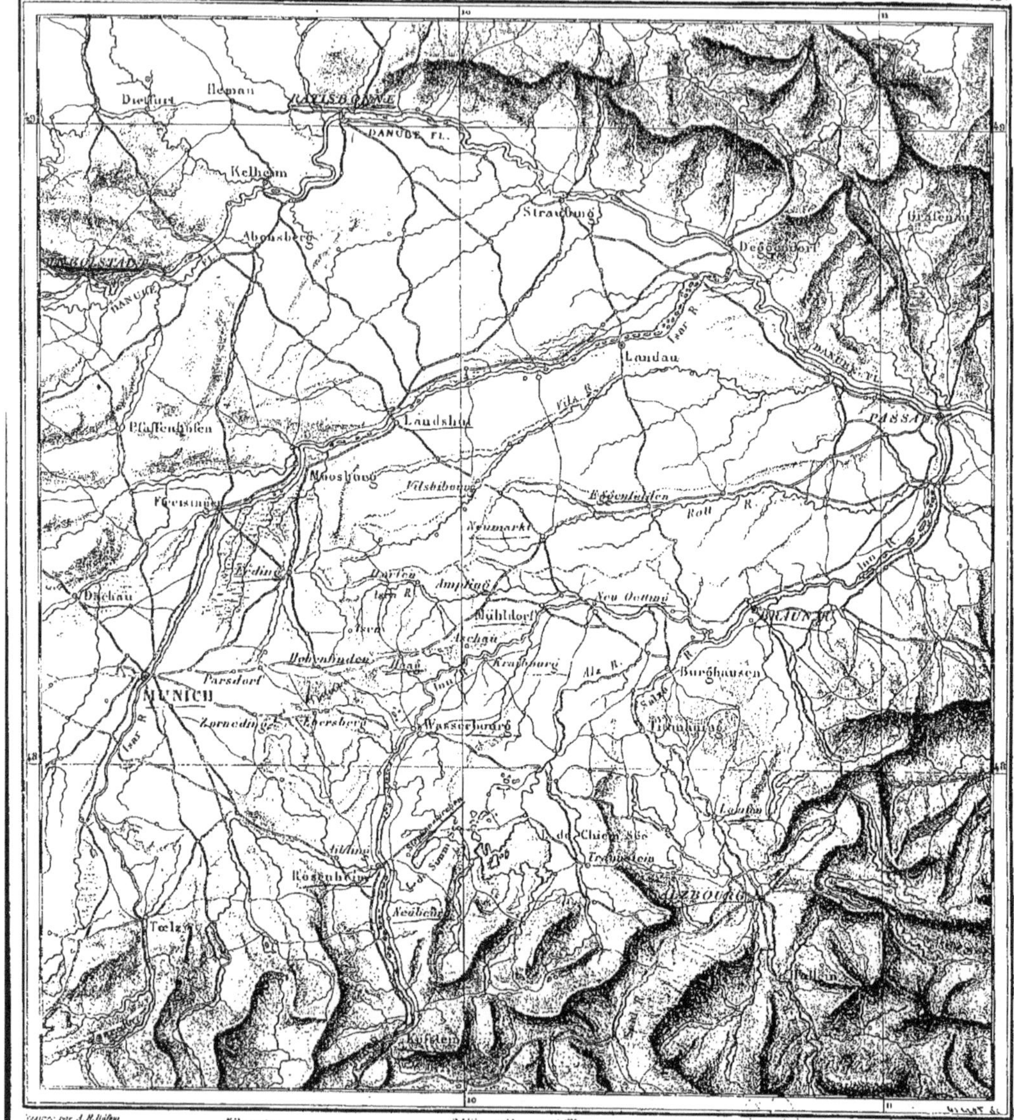

Dietfurt
Heman
RATISBONNE
DANUBE FL.
Kelheim
Straubing
Abensberg
Deggendorf
NEUSTADT
DANUBE
Isar R.
Landau
Vila R.
Pfaffenhofen
Landshut
PASSAU
Moosburg
Vilsbiburg
Freising
Eggenfelden
Roll R.
DANUBE FL.
Neumarkt
Erding
Darten
Ampfing
Neu Oetting
Isar Rl.
Dachau
Mühldorf
BRAUNAU
Isen
Aschau
Inn R.
Oberhinden
Haag
Kraiburg
Als R.
Parsdorf
MUNICH
Inn
Salze R.
Burghausen
Isar R.
Zorneding
Ebersberg
Wasserburg
Frankburg
Laufen
de Chiem See
Neabeu
Traunstein
Aibling
Rosenheim
SALZBOURG
Toelz
Neabeu
Inn R.

Dessiné par A. H. Dufour
Kilomètres
Publiée par Lheureux et Cⁱᵉ
Lieues de 25 au Degré
Gravé par Ch. Dyonnet

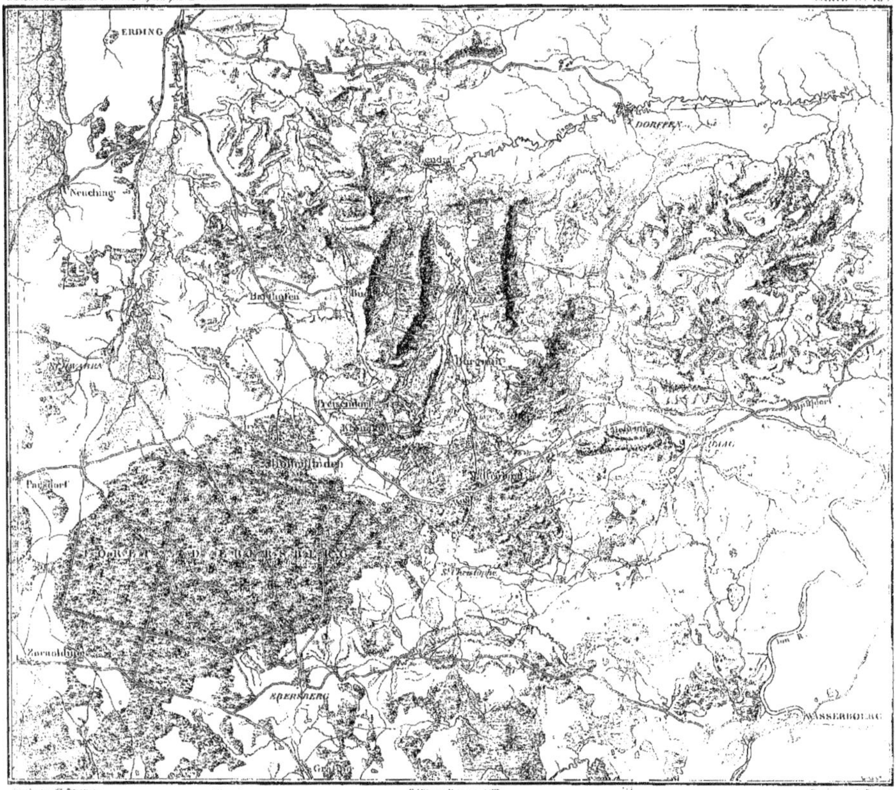

ERDING
Neuching
DORFFEN
Berglhofen
Hohenlinden
St. Christoph
Pastdorf
Zorneding
EBERSBERG
WASSERBOURG
Kilomètres
Lieues de 25 au Degré

PLAN DE COPENHAGUE

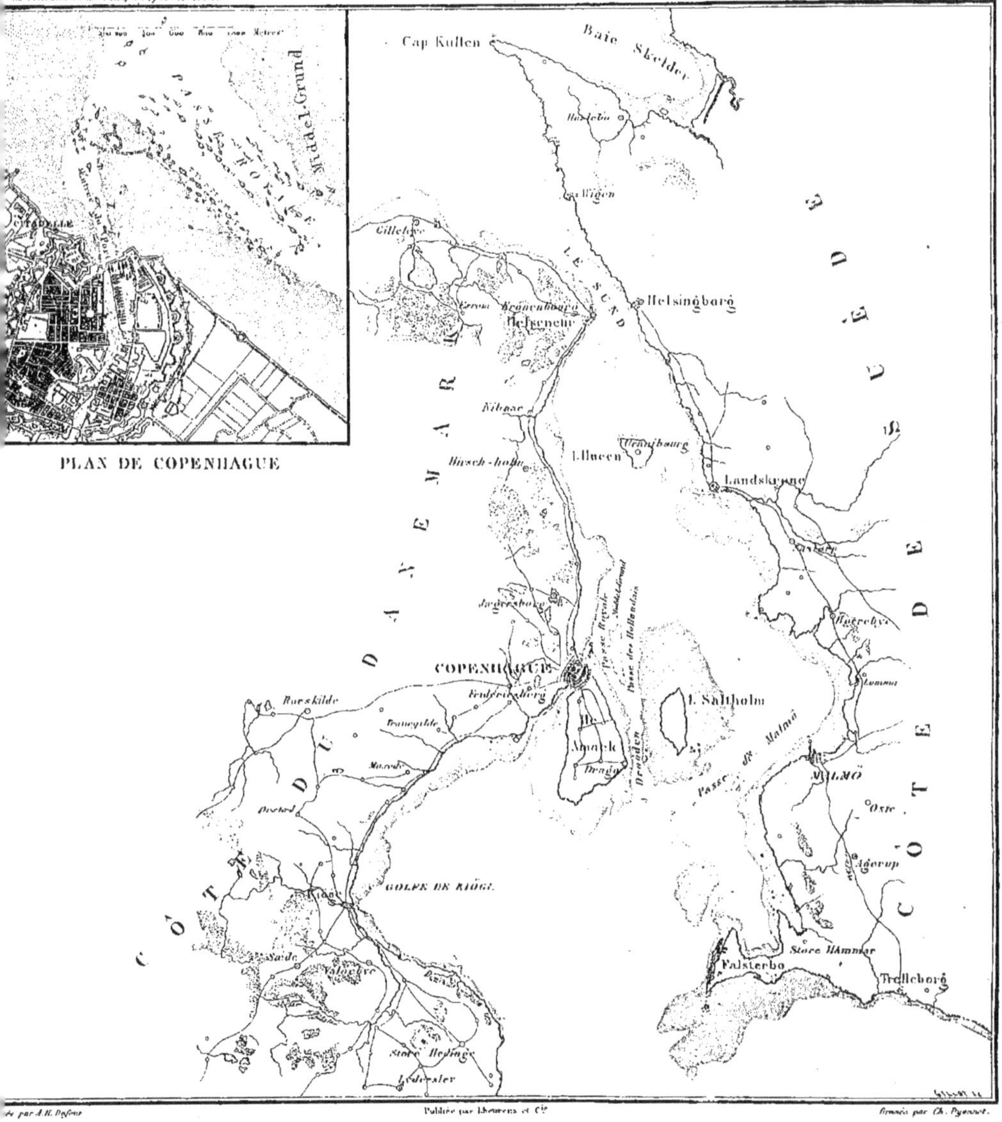

PARIS IMP. N. BAYON, R. D'ERFURTH, 1

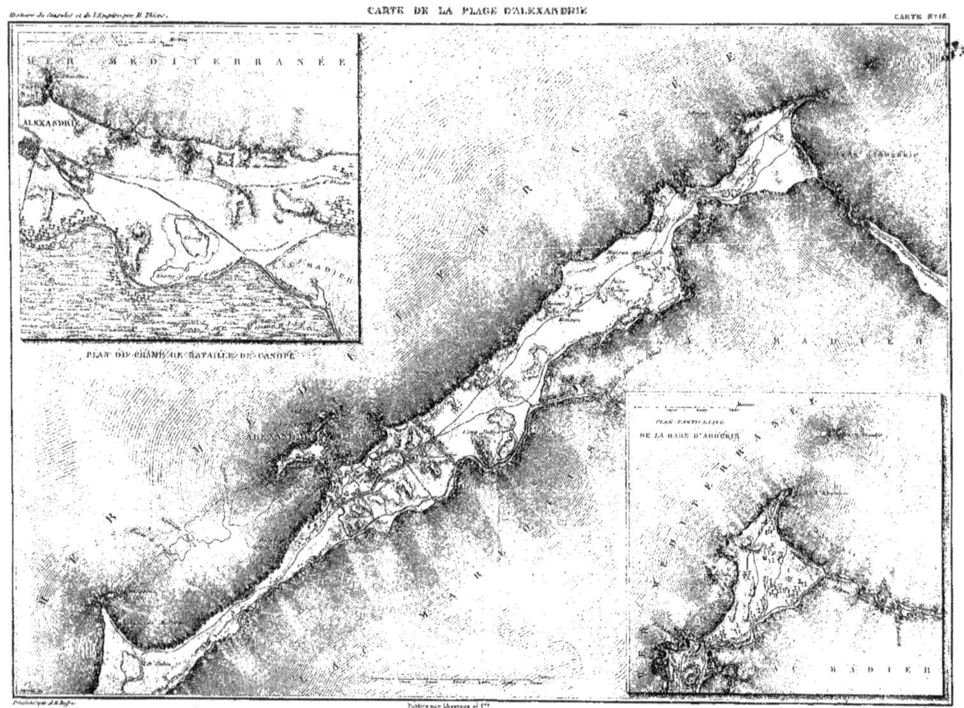

Dessiné par A. H. Dufour.

Publié par Lheureux et C.ie

Gravé par Ch. Dyonnet.

Paris. Imp. Lemercier, r. de Seine, 57.

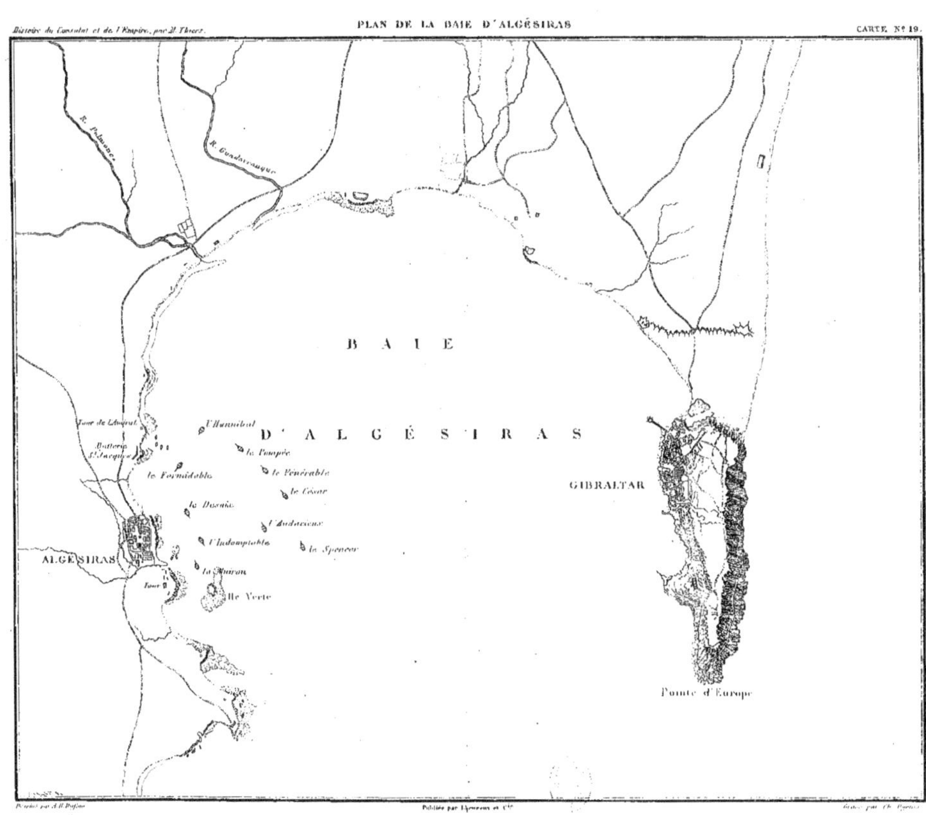
R. Palmones
R. Guadarranque
BAIE
D'ALGÉSIRAS
Tour de l'Amiral
Batterie St. Jacques
l'Hannibal
la Pompée
le Pénérable
le Formidable
le César
le Descaïs
l'Audacieux
l'Indomptable
la Spencer
la Muiron
ALGESIRAS
Tour
Ile Verte
GIBRALTAR
Pointe d'Europe

Dessiné par A. H. Dufour   Publiée par Lheureux et Cie   Gravé par Ch. Dyonnet

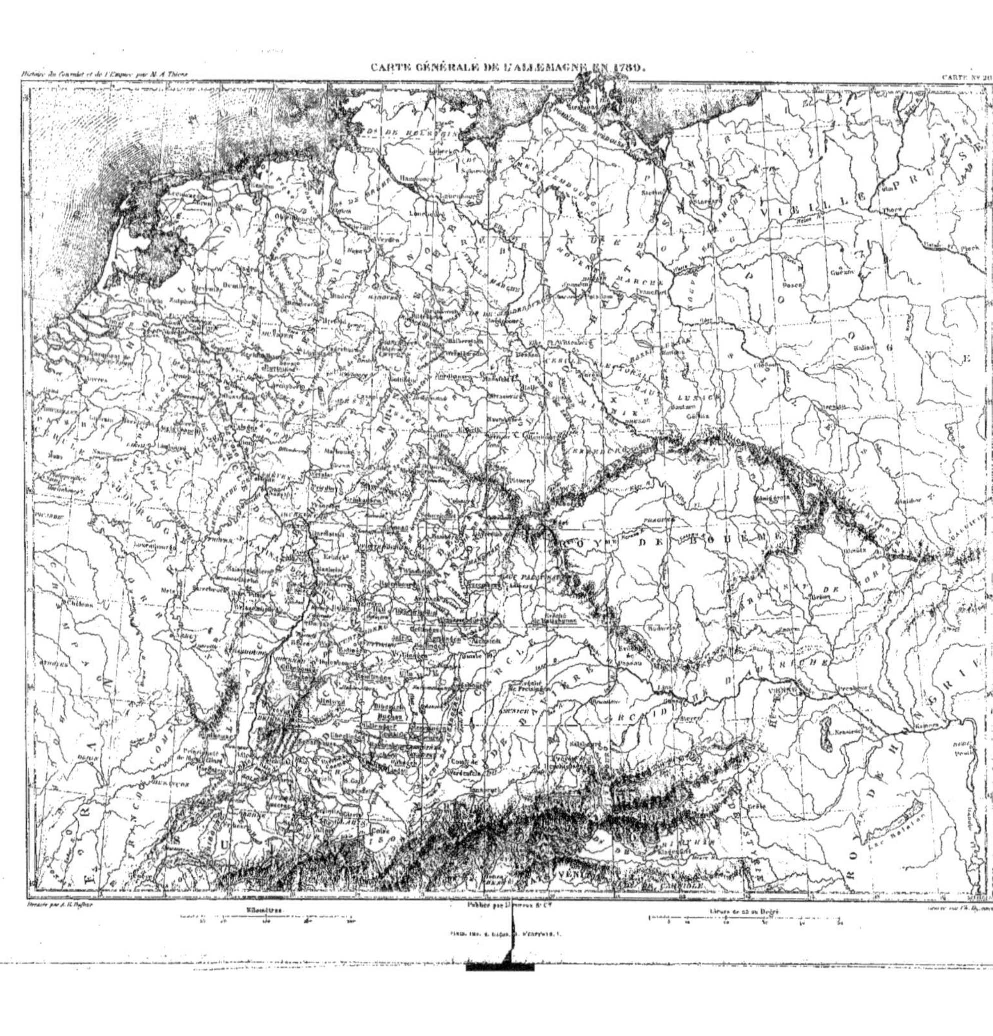
ROYme DE BOHÊME
ROYme DE HONGRIE
VIEILLE PRUSSE
Hambourg
Prague

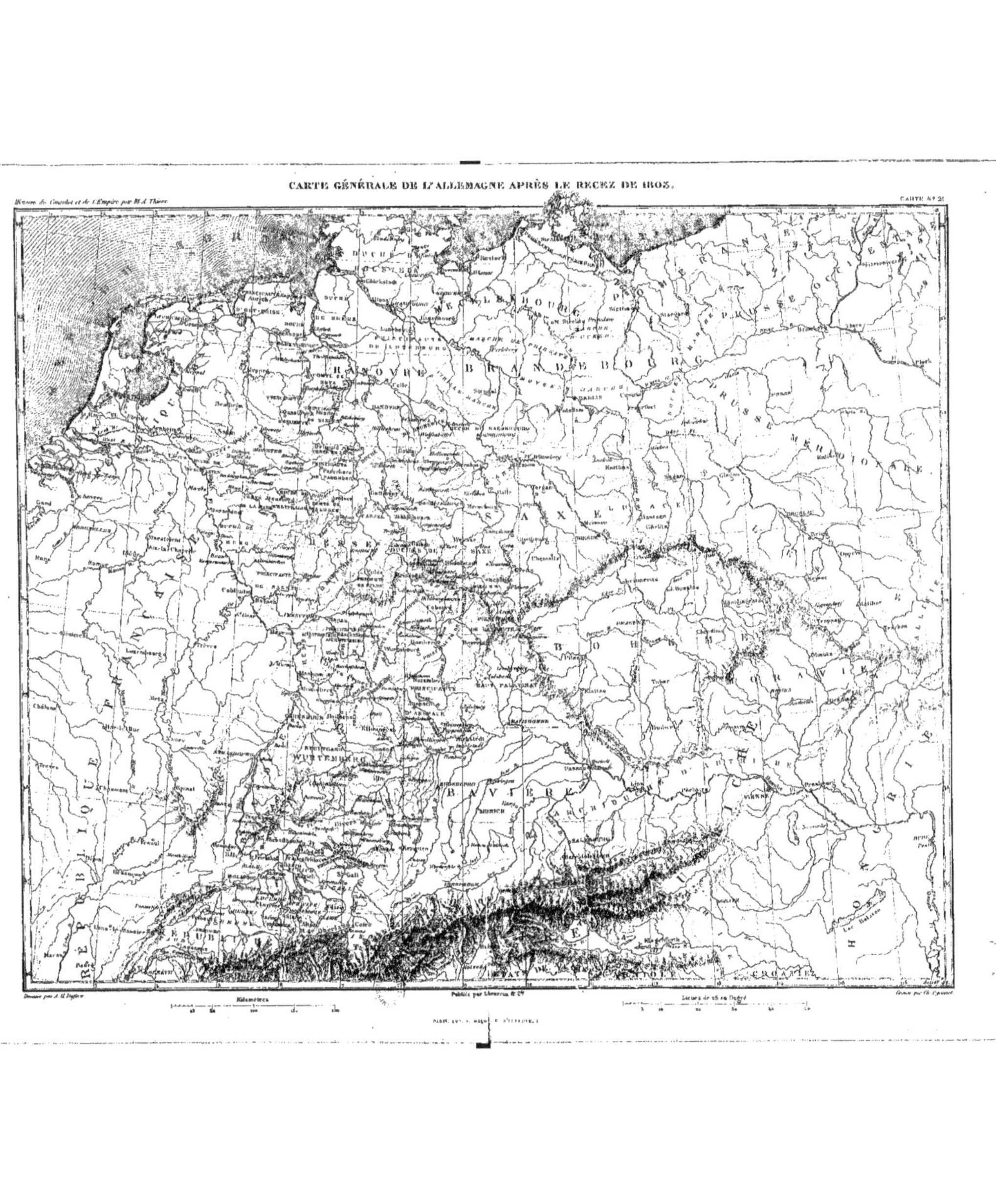
Histoire du Consulat et de l'Empire par M.A Thiers.
CARTE N° 21
MER
DUCHÉ
MECKLEMBOURG
POMÉRANIE
PRUSSE
HANOVRE
BRANDEBOURG
DE BRÊME
DUCHÉ DE LAUENBOURG
SAXE
ELBE
ROYAUME DE PRUSSE
RÉPUBLIQUE
HESSE
DUCHÉ DE
SAXE
BOHÊME
MORAVIE
WURTEMBERG
ARCHIDUCHÉ D'AUTRICHE
BAVIÈRE
MUNICH
SUISSE
TYROL
HONGRIE
CROATIE
Dessiné par A.H. Dufour
Kilomètres
Publié par l'Éditeur
Lieues de 25 au Degré
Gravé par Ch. Dyonnet

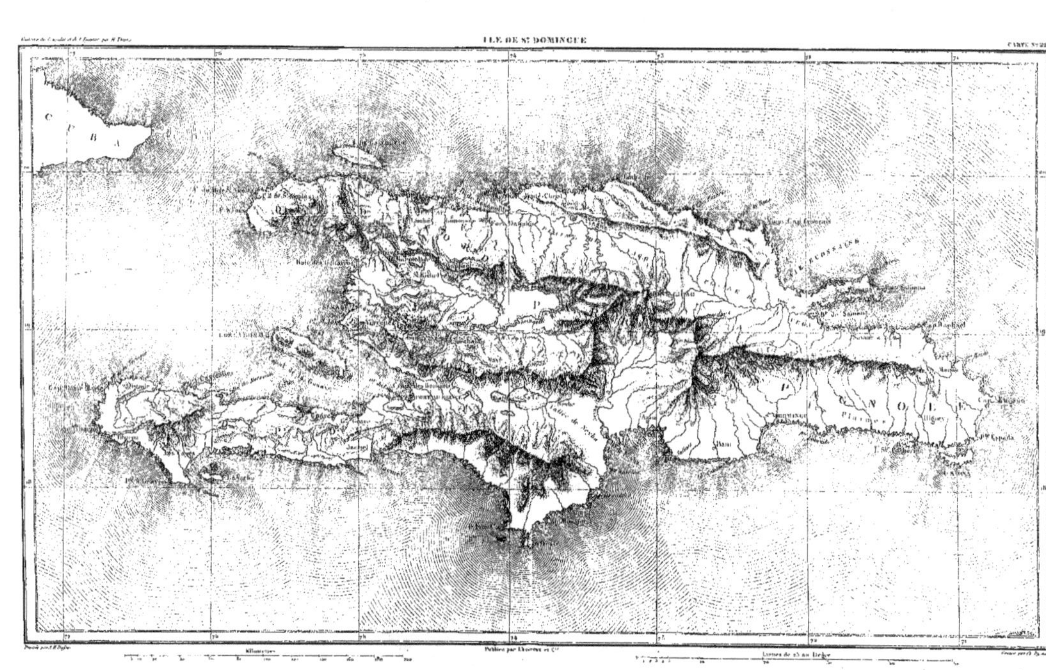

ILE DE St DOMINGUE
CARTE No 22.
CUBA
ESPAGNOL

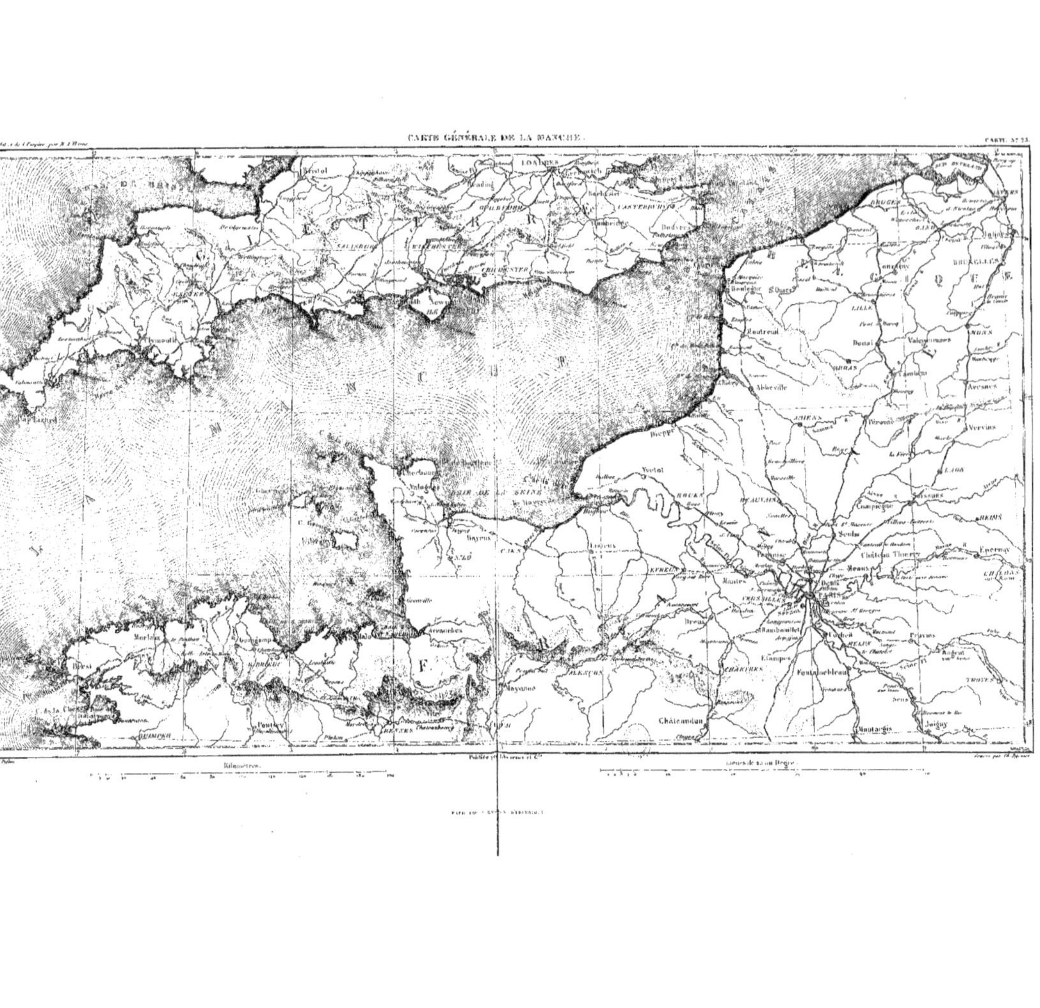

CARTE DES PORTS

D'AMBLETEUSE, DE WIMEREUX, DE BOULOGNE ET D'ETAPLES.

Histoire du Consulat et de l'Empire, par M. Thiers. CARTE N° 22

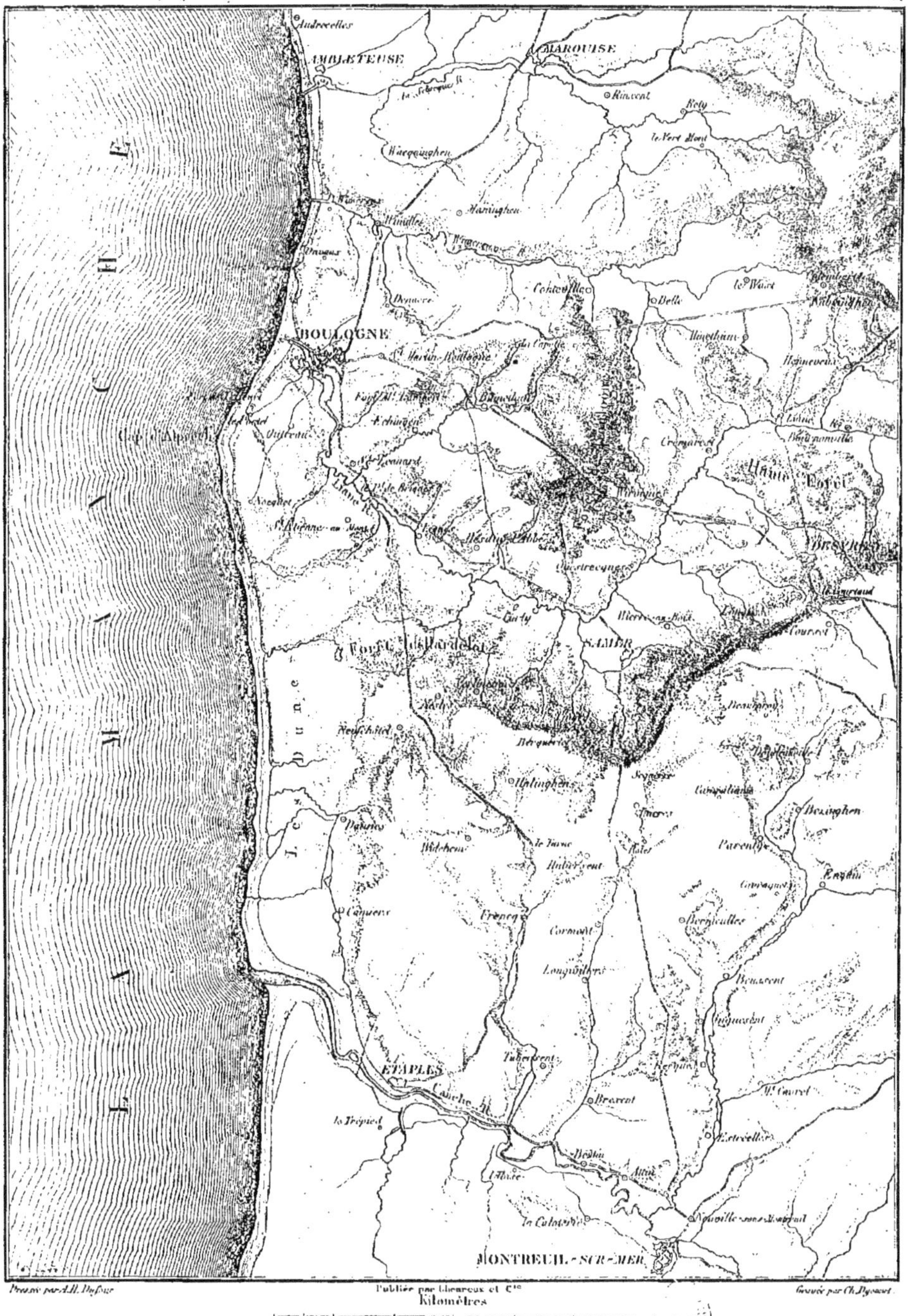

Dressé par A.H. Dufour — Publiée par Lheureux et Cie — Gravé par Ch. Dyonnet

Kilomètres

1 2 4 6 8 10 12

PARIS IMP. S. RAÇON, R. D'ERFURTH, 1

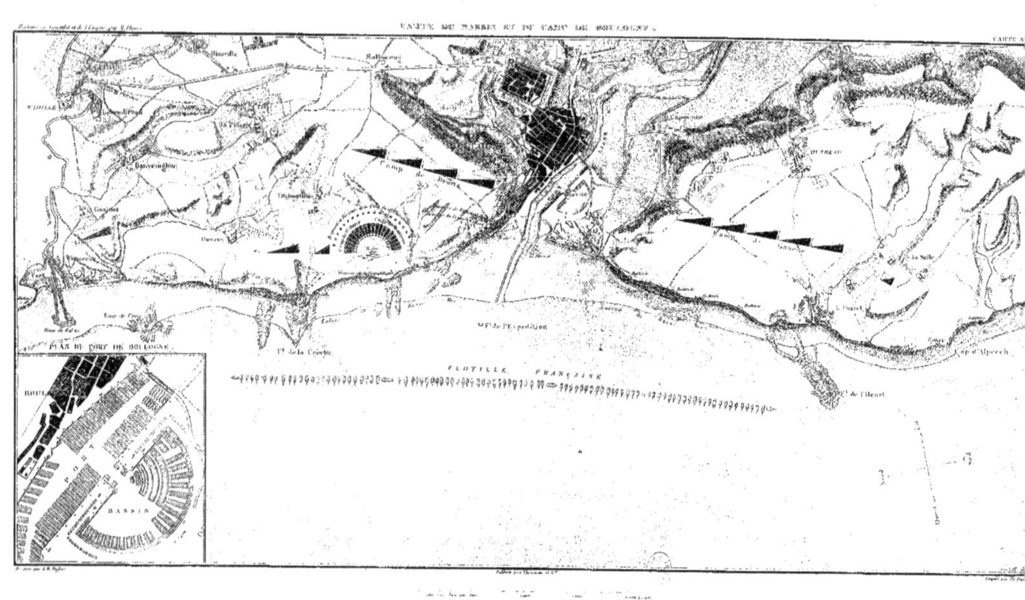

CARTE DU BASSIN ET DU CAMP DE BOULOGNE.
CARTE
VILVILLE
Neufville
Rollencourt
OUTREAU
Camp de
FLOTILLE FRANÇAISE
Mt de l'Expédition
Pte de la Crèche
Cap d'Alprech
Ft de l'Heurt
PLAN DU PORT DE BOULOGNE.
PORT
BASSIN
BOUL.
Tour de Croy

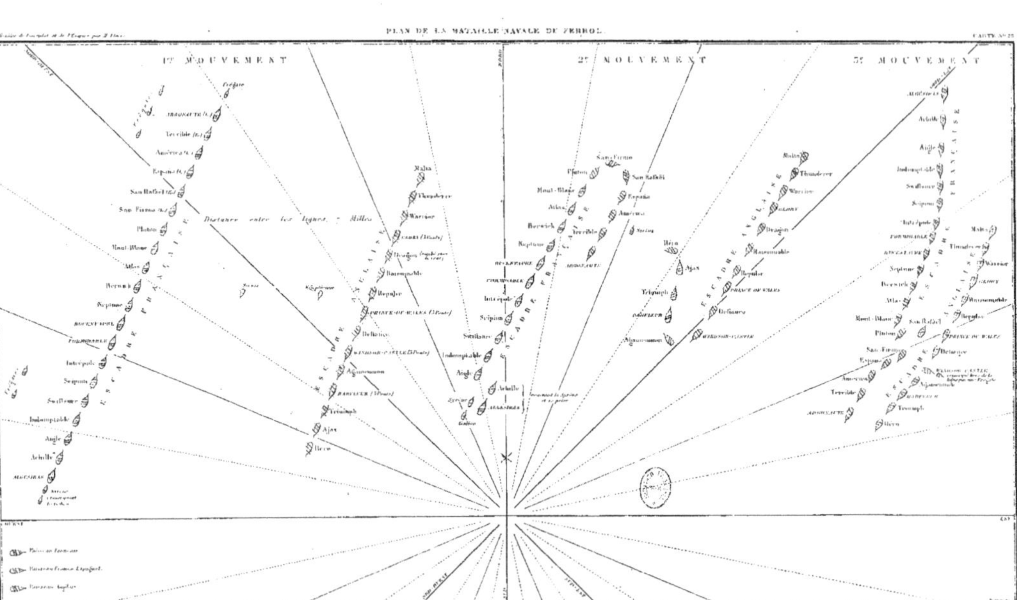

1er MOUVEMENT
2e MOUVEMENT
3e MOUVEMENT

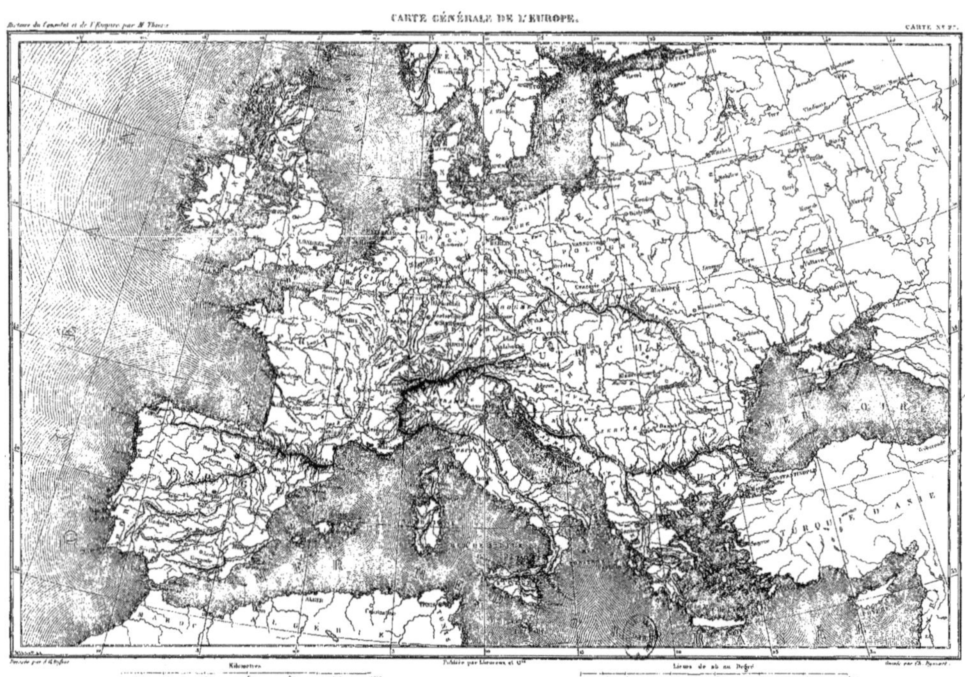

Histoire du Consulat et de l'Empire par M. Thiers
CARTE N° 27
Kilomètres
Publiée par Lheureux et C.ie
Lieues de 25 au Degré

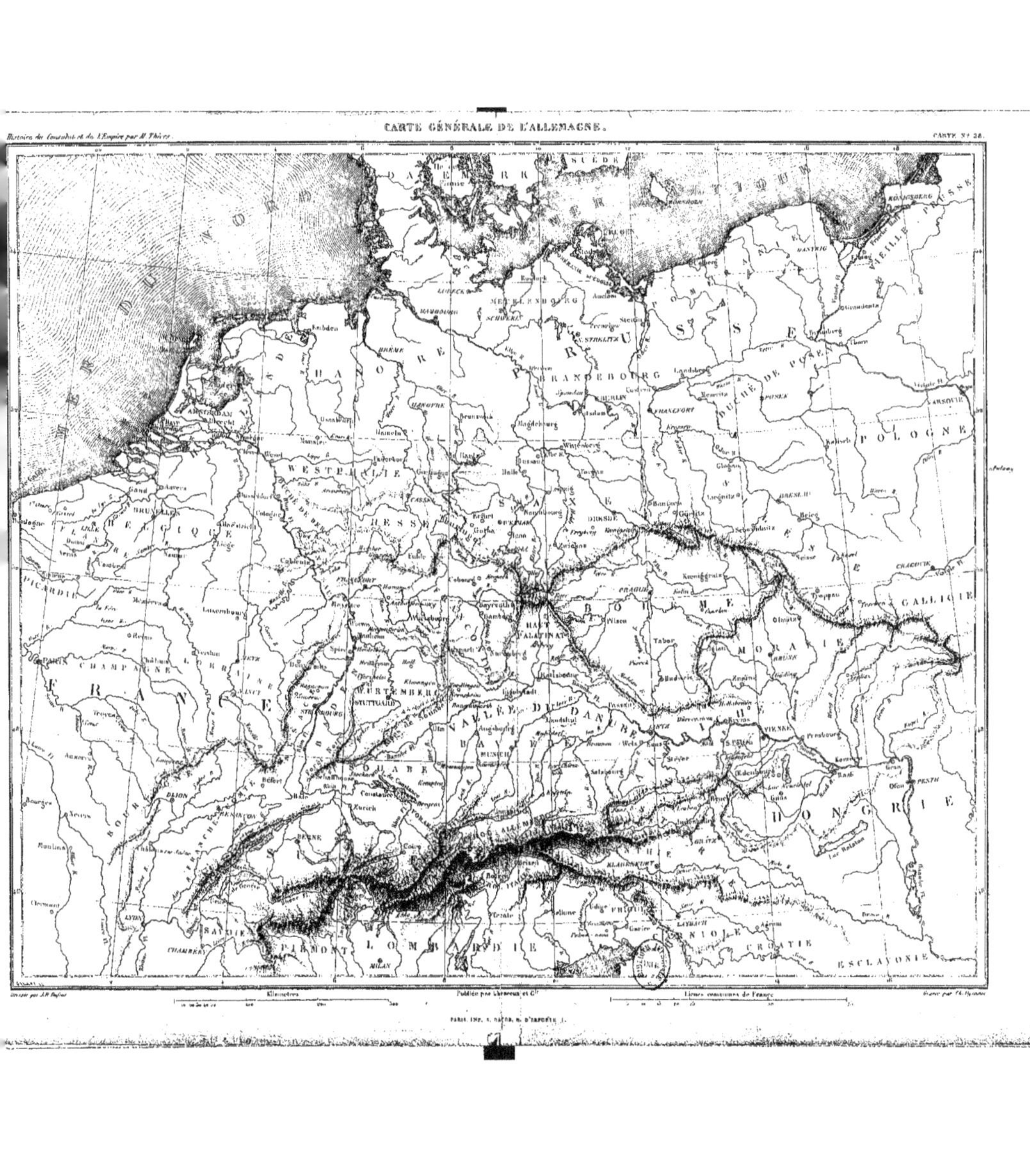
MER DU NORD
DANEMARK
SUÈDE
MER BALTIQUE
KŒNIGSBERG
VIEILLE PRUSSE
DANTZIG
MECKLENBOURG
SCHWERIN
G. STRELITZ
HAMBOURG
BRÊME
LUBECK
P R U S S E
POMÉRANIE
HANOVRE
HANOVRE
BRANDEBOURG
BERLIN
FRANCFORT
DUCHÉ DE POSEN
POSEN
VARSOVIE
POLOGNE
Amsterdam
Utrecht
Munster
Magdebourg
Wittemberg
Kalisch
BRUXELLES
B E L G I Q U E
FLANDRE
Cologne
DUCHÉ DE BERG
CASSEL
HESSE
Halle
S A X E
Leipsick
DRESDE
BRESLAU
Görlitz
Brieg
Namur
Liège
Coblentz
FRANCFORT
Erfurt
Bautzen
Glogau
Liegnitz
CRACOVIE
PICARDIE
Luxembourg
Bayreuth
Bamberg
B O H Ê M E
PRAGUE
Kœniggratz
GALLICIE
F R A N C E
CHAMPAGNE
LORRAINE
METZ
Nancy
PALATINAT
Nuremberg
Taber
MORAVIE
BRUNN
Olmutz
WURTEMBERG
STUTTGARD
VALLÉE DU DANUBE
BAVIÈRE
MUNICH
Augsbourg
Landshut
Passau
Lintz
VIENNE
Presbourg
BOURGOGNE
DIJON
Strasbourg
Bâle
SOUABE
Ulm
Ratisbonne
AUTRICHE
Salzbourg
Edenbourg
Stever
PENTH
Berne
Constance
Zurich
T Y R O L
H O N G R I E
Lac Balaton
SAVOIE
LYON
CHAMBERY
PIÉMONT
L O M B A R D I E
MILAN
CARINTHIE
KLAGENFURT
CARNIOLE
LAYBACH
CROATIE
ESCLAVONIE
Agram

Dressé par J.H. Dufour.
Kilomètres
Publié par Lheureux et Cie.
Lieues communes de France
Gravé par Ch. Dyonnet.
PARIS. IMP. S. RACON, R. D'ERFURTH, 1.

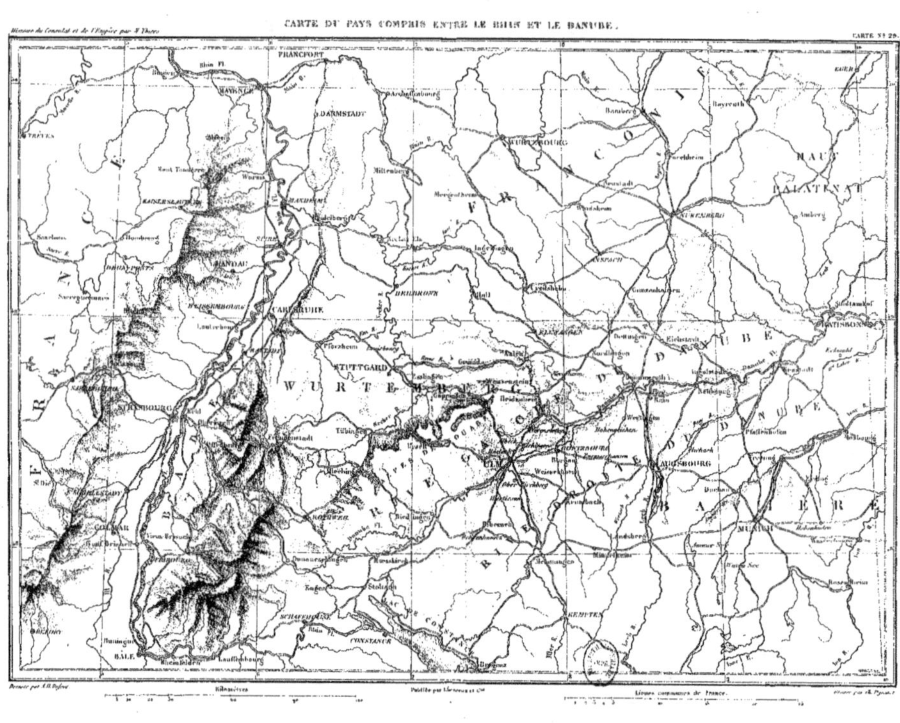
CARTE N.º 29.
FRANCFORT
MAYENCE
D.DARMSTADT
D'Aschaffenbourg
Millemberg
WURTZBOURG
Bamberg
Bayreuth
EGER
FRANCONIE
HAUT PALATINAT
KAISERSLAUTERN
LANDAU
WEISSEMBOURG
CARLSRUHE
STRASBOURG
STUTTGARD
HEILBRONN
ANSPACH
NUREMBERG
Amberg
RATISBONNE
DANUBE
WURTEMBERG
TUBINGEN
ROTWEIL
DONAUWESCHINGEN
ULM
DONAWERT
AUGSBOURG
BAVIERE
MUNICH
COLMAR
FRIBOURG
BALE
Rheinfelden
Lauffenbourg
SCHAFFHOUSE
CONSTANCE
LAC DE CONSTANCE
KEMPTEN
FRANCE
BADE
FORET NOIRE
Dessiné par A.H. Dufour.   Gravé par Ch. Dyonnet.
Kilomètres   Publiée par Lheureux et C.ie   Lieues communes de France.
PARIS, IMP. S. RACON ET COMP.

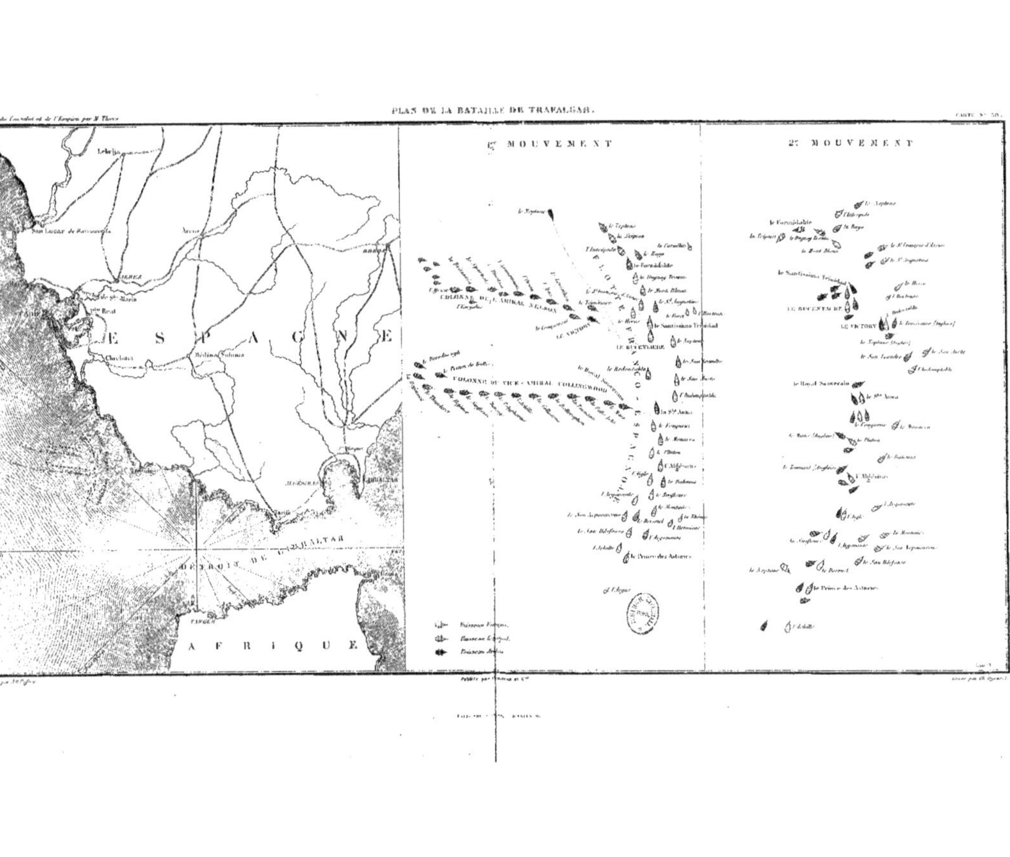
CARTE N° 39
ESPAGNE
AFRIQUE
DÉTROIT DE GIBRALTAR
TANGER
1er MOUVEMENT
2e MOUVEMENT
COLONNE DE L'AMIRAL NELSON
COLONNE DU VICE-AMIRAL COLLINGWOOD
LE BUCENTAURE
LE VICTORY
LE REDOUTABLE

CARLSRUHE
STUTTGARD
WURTEMBERG
STRASBOURG
MUNICH
BELLUNO
VIENNE
PRESBOURG
HONGRIE
GRATZ
ADRIATIQUE
Kilomètres
Publiée par Lheureux et C.
Lieues de 25 au Degré
PARIS, Imp. A. Boyer, r. d'Amsterdam

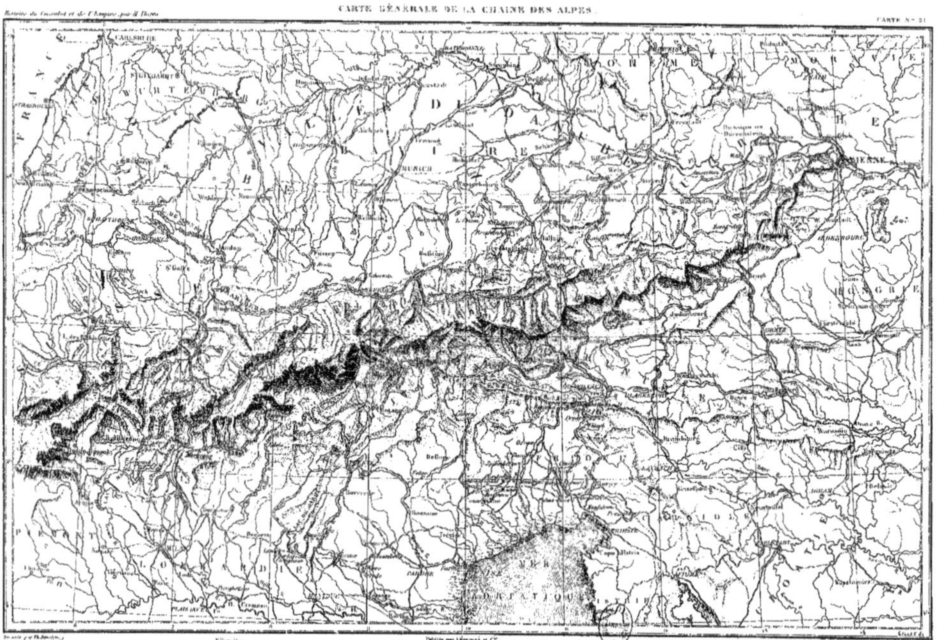

CARTE DE L'AUTRICHE ET DE LA MORAVIE.

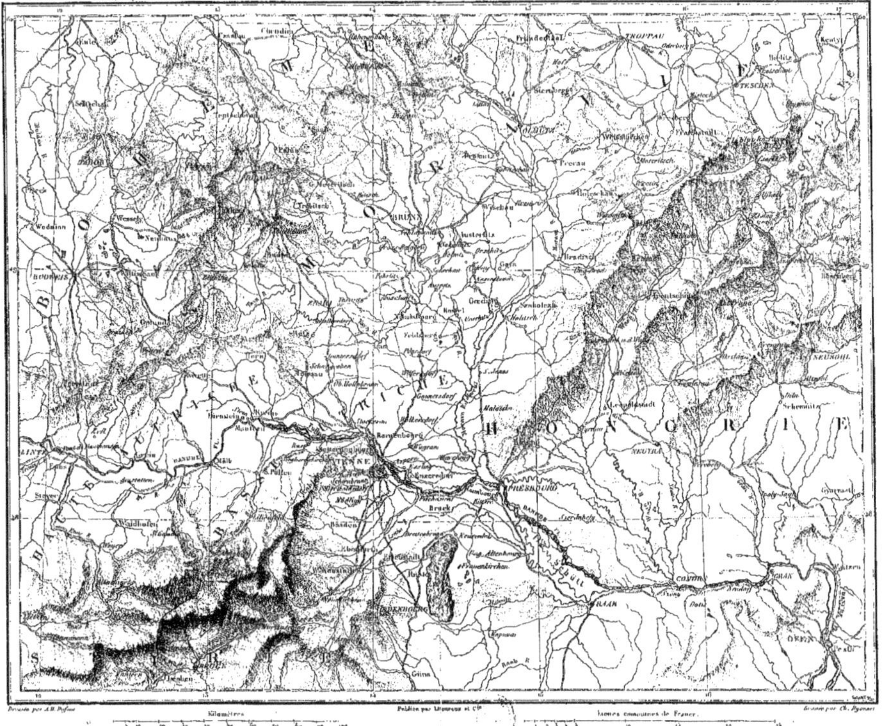

Dressée par A.H. Dufour.   Publiée par Lheureux et Cⁱᵉ.   Gravé par Ch. Dyonnet.

Kilomètres   Lieues communes de France.

PLAN DU CHAMP DE BATAILLE D'AUSTERLITZ.

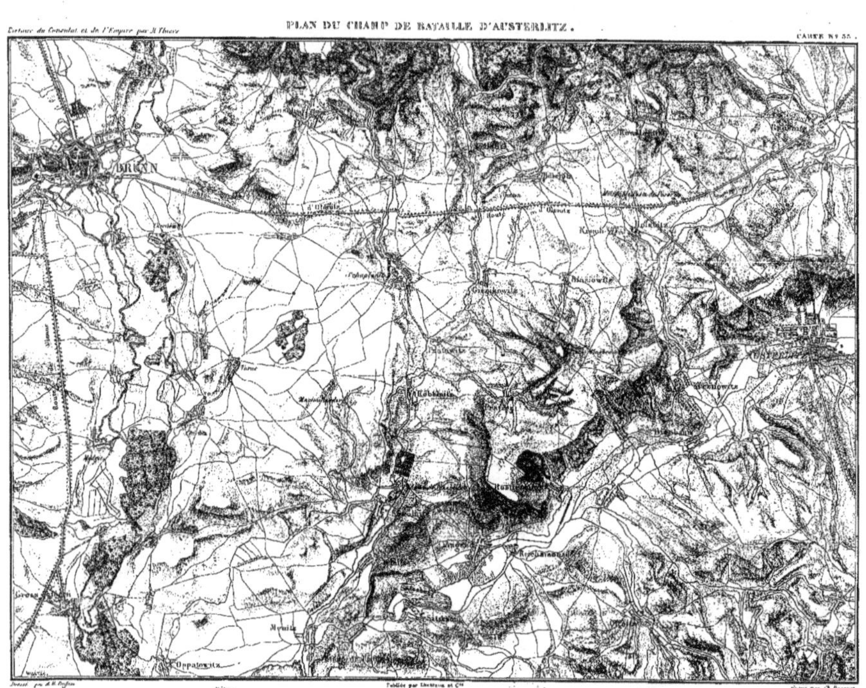

Dessiné par A. H. Dufour — Publiée par Lheureux et Cie — Gravé par Ch. Dyonnet

PARIS, IMP. D. JACQ. H. D'ALGERIE

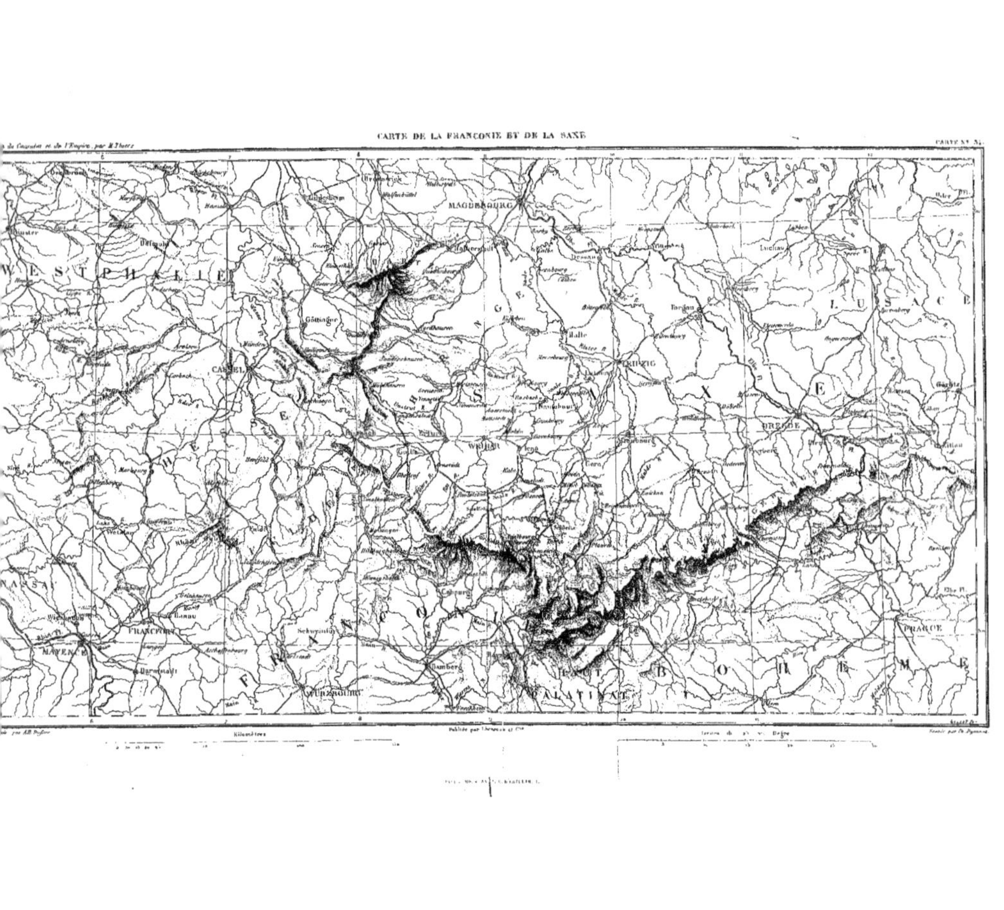
WESTPHALIE
MAGDEBOURG
LUSACE
CASSEL
LEIPZIG
Halle
Göttingue
DRESDE
WEIMAR
Gotha
FRANCFORT
MAYENCE
BAMBERG
BOHEME
PALATINAT
Darmstadt
Würzbourg
FRANCONIE

Documents manquants (pages, cahiers...)

NF Z 43-120-13

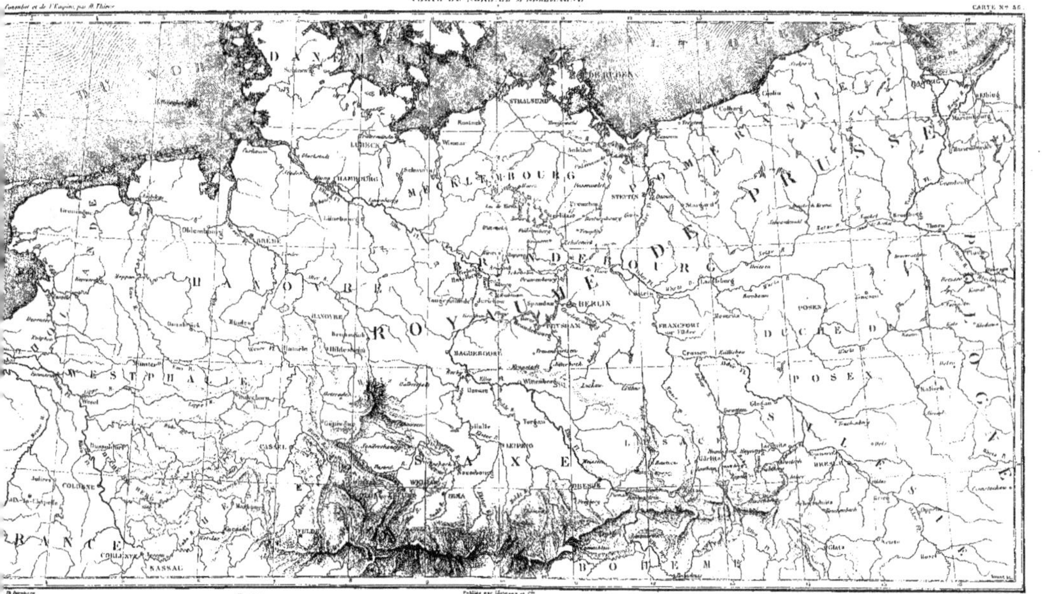

CARTE DU NORD DE L'ALLEMAGNE
Consulat et de l'Empire, par A. Thiers
CARTE N° 45
DANEMARK
MER DU NORD
BERGEN
STRALSUND
LÜBECK
HAMBOURG
MECKLEMBOURG
POMÉRANIE
ROYAUME DE PRUSSE
BRANDEBOURG
STETTIN
BERLIN
POTSDAM
FRANCFORT sur l'Oder
MAGDEBOURG
POSEN
DUCHÉ DE POSEN
SILÉSIE
BRESLAU
GLATZ
HANOVRE
OLDENBOURG
BRÊME
WESTPHALIE
CASSEL
COBLENTZ
COLOGNE
FRANCE
SAXE
LEIPZIG
IÉNA
FULDE
BOHÈME
DANTZIG
PRUSSE
Publiée par Chronmann et Cie
Gravé par Ch. Dyonnet
Kilomètres

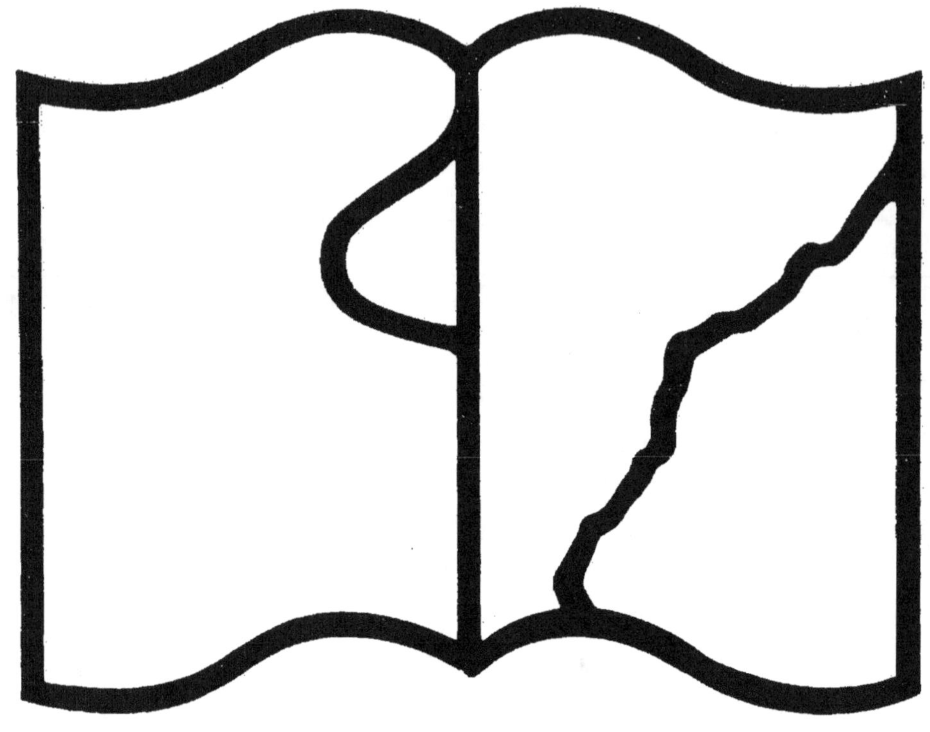

Texte détérioré — reliure défectueuse

NF Z 43-120-11

CARTE DE LA PRUSSE ORIENTALE ET DE LA POLOGNE

Histoire du Consulat et de l'Empire par A. Thiers.

CARTE N° 37.

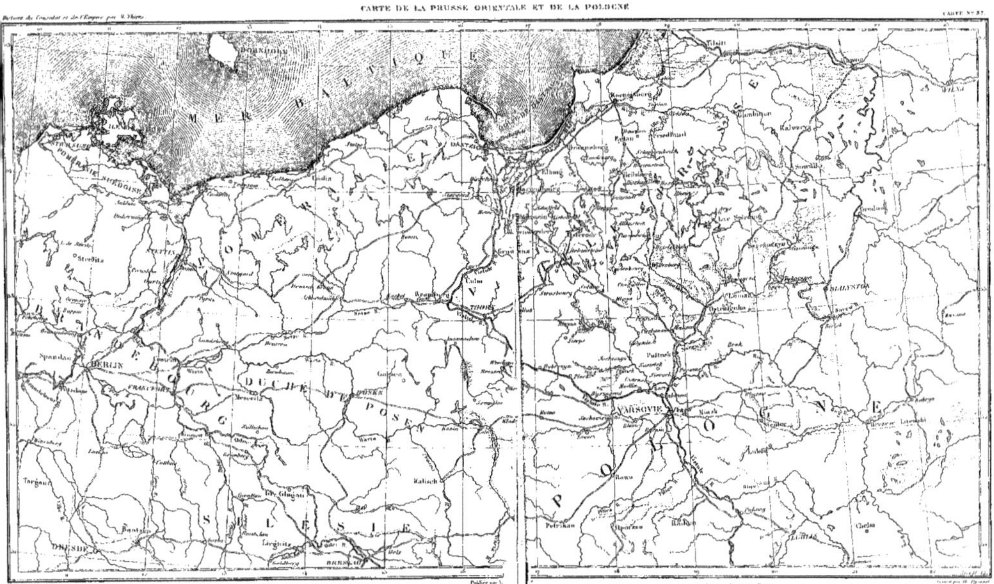

Gravé par J. et A. Dufour

Kilomètres

Publiée par L.

Lieues de 25 au Degré

Gravé par H. Pyrmont

PARIS, IMP. .... BEAUX

Documents manquants (pages, cahiers...)

NF Z 43-120-13

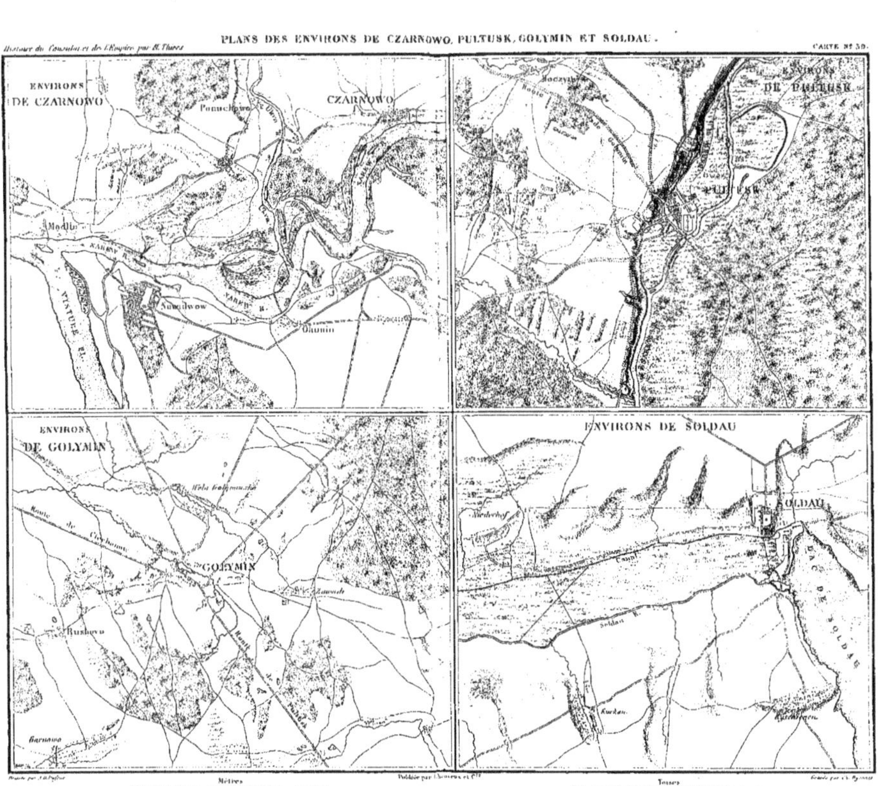

Métres   Toldéou par Desrosier et Cⁱᵉ   Toises

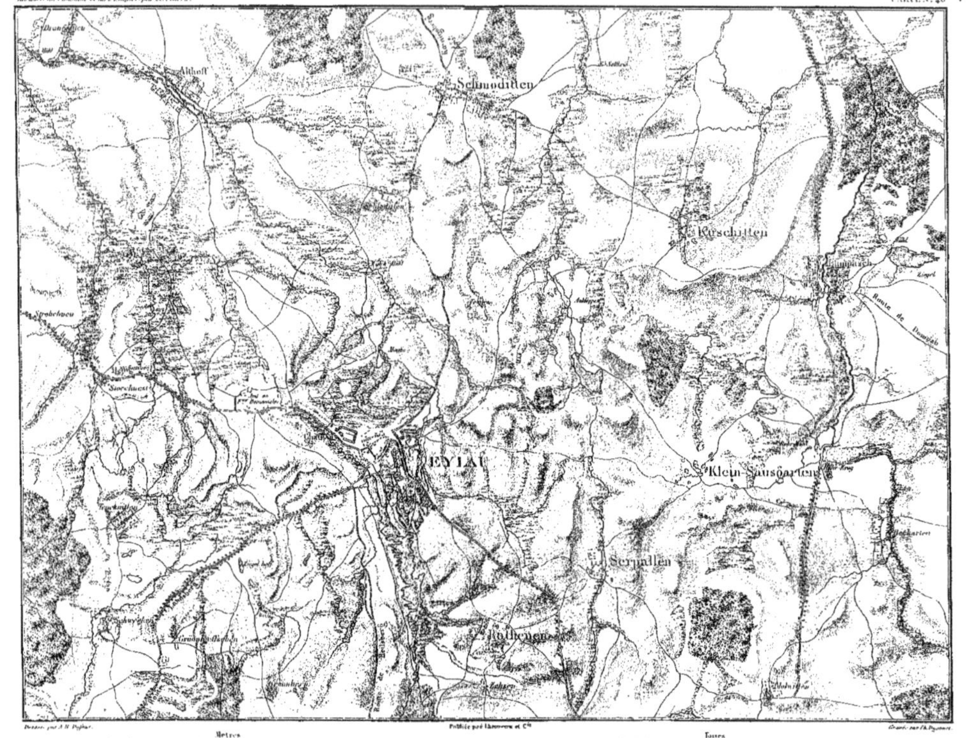

Desine par A. H. Dufour.

Publié par Lheureux et Cie.

Gravé par Ch. Dyonnet.

Metres

Toises

PARIS, 1857, rue Racine, 8 (L'ODÉON), 1.

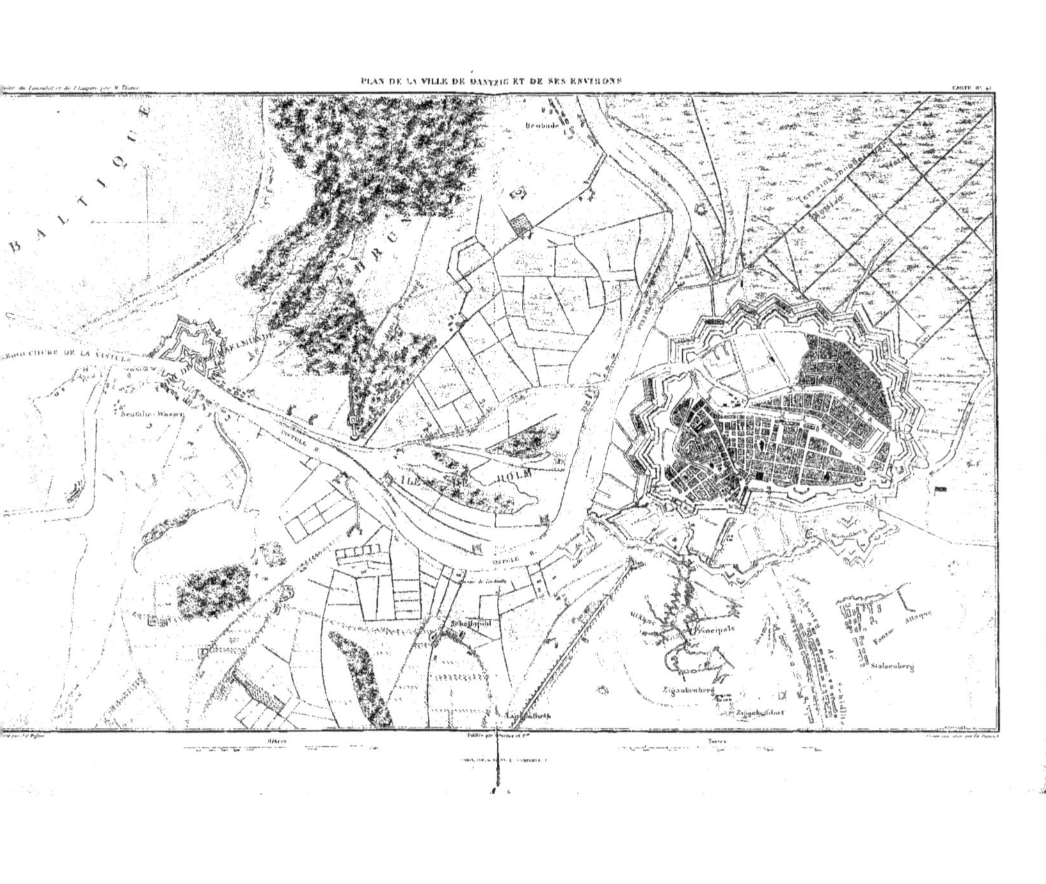
BALTIQUE
BOUCHURE DE LA VISTULE
Neufahr-Wasser
VISTULE
Neufahr
HOLM
Zigankenberg
Zigankenberg
Stolzenberg
Principale
Attaque

PLAN DU CHAMP DE BATAILLE DE FRIEDLAND.

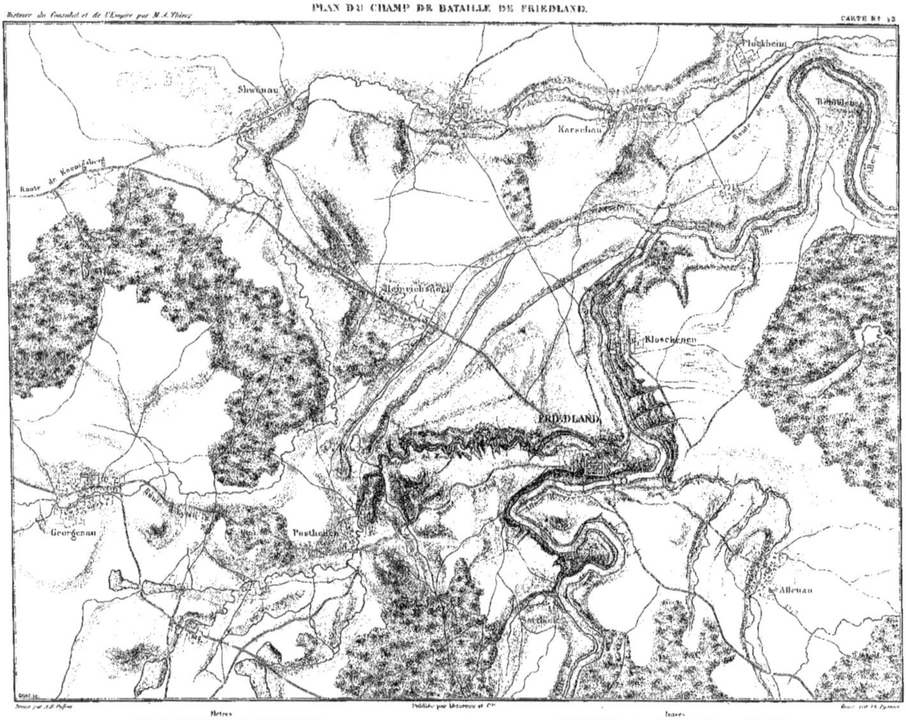

Dressé par A. H. Dufour — Publiée par Lheureux et Cie — *Gravé par Ch. Dyonnet*

Metres

Toises

PARIS. — [illegible]

Documents manquants (pages, cahiers...)

NF Z 43-120-13

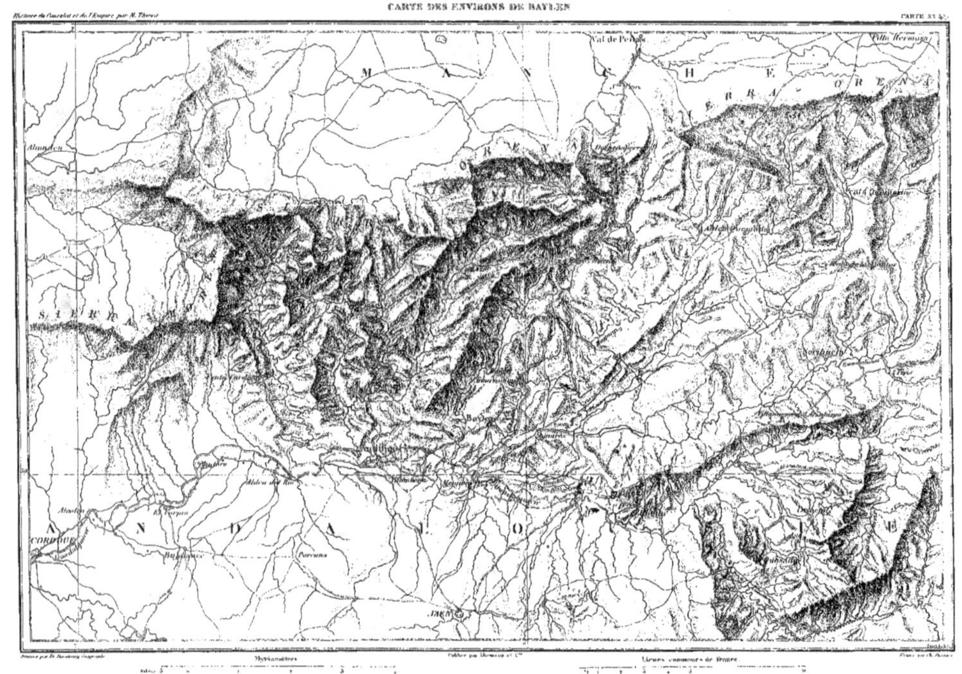

Histoire du Consulat et de l'Empire par M. Thiers
CARTE N° 4.
Almaden
SIERRA
CORDOUE
ANDALOUSIE
MANCHE
SIERRA-MORENA
Val de Peñas
Villa Hermosa
Baylen
JAEN
Carpio
Andujar
Linares
Myriamètres
Lieues communes de France
Dessiné par Th. Duvotenay Géographe
Publié par Lheureux et C.ie
Gravé par Ch. Dyonnet

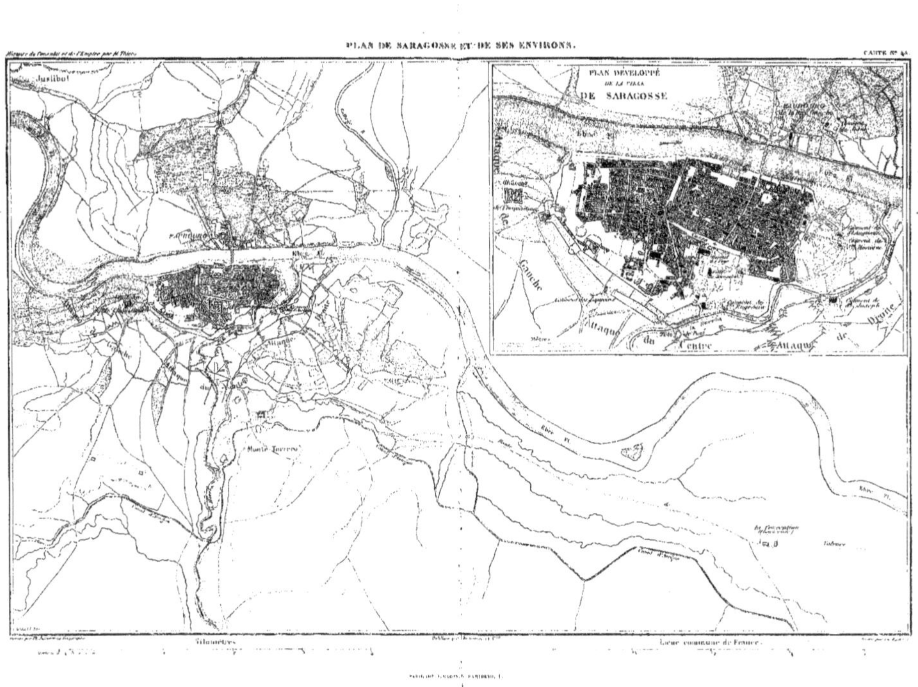
Justibol
PLAN DÉVELOPPÉ
DE LA VILLE
DE SARAGOSSE
Monte Torrero
Kilomètres.
Lieue commune de France.

Documents manquants (pages, cahiers...)

NF Z 43-120-13

CARTE DES ENVIRONS D'ECKMÜHL.

Histoire du Consulat et de l'Empire, par M. A. Thiers

CARTE N° 58.

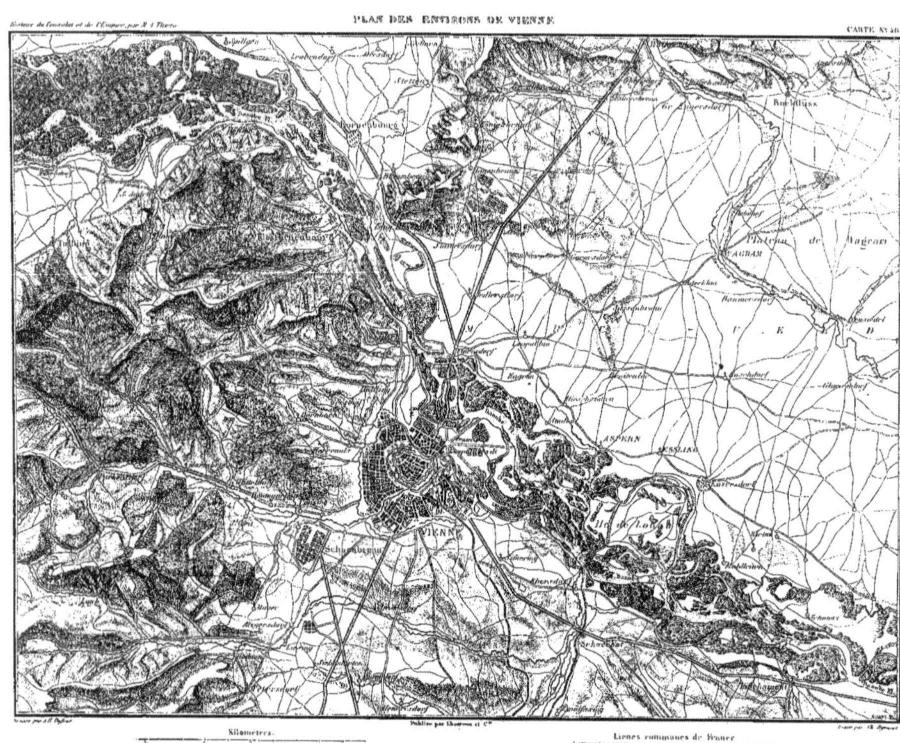

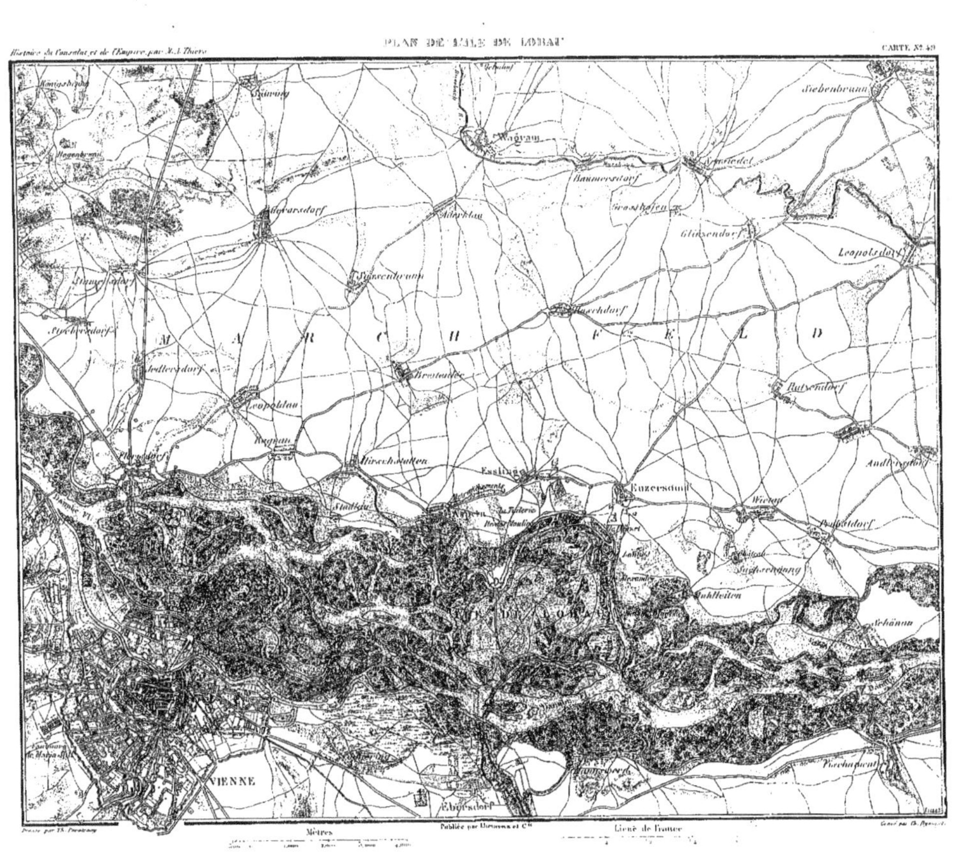
Königsberg
Hagenbrunn
Stammersdorf
Gerasdorf
Süssenbrunn
Seebach
Wagram
Baumersdorf
Grosshofen
Glinzendorf
Leopoldsdorf
Siebenbrunn
Aderklaa
Raschdorf
M A R C H F E L D
Jedlersdorf
Leopoldau
Breitenlee
Rutzendorf
Raggau
Kagran
Hirschstetten
Essling
Enzersdorf
Wittau
Andlersdorf
Floridsdorf
Stadlau
Probstdorf
Sachsengang
Mühlleiten
Schönau
LOBAU
VIENNE
Aspern
Kaiser Ebersdorf
Fischamend
Métres   Publiée par Hetzemann et Cie   Lieue de France
Dressé par J.B. Poirson   Gravé par Ch. Dyonnet

Histoire du Consulat et de l'Empire par M. A. Thiers
CARTE N° 60
TALAVERA
Tage Fl.
Mètres
Publiée par Plon et C.ie
Lieue de France

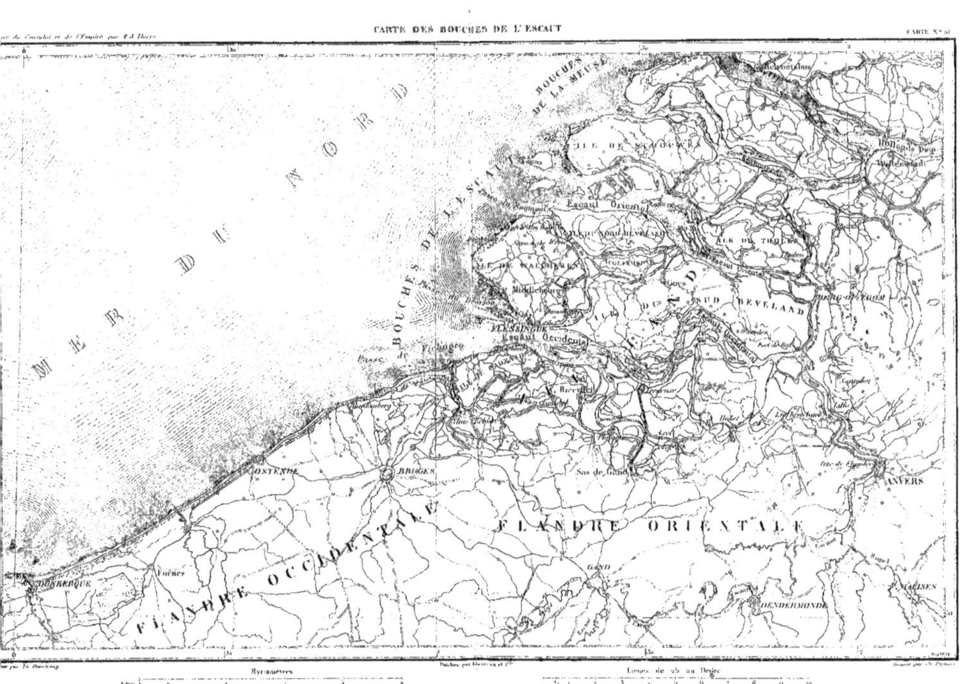
MER DU NORD
BOUCHES DE LA MEUSE
BOUCHES DE L'ESCAUT
ILE DE SCHOWEN
Escaut Oriental
ILE DE NORD-BEVELAND
ILE DE WALCHEREN
Middelbourg
FLESSINGUE
Escaut Occidental
ILE DU THOLEN
ZELANDE
ILE DE SUD BEVELAND
ANVERS
FLANDRE ORIENTALE
Sas de Gand
OSTENDE
BRUGES
FLANDRE OCCIDENTALE
Furnes
DUNKERQUE
GAND
DENDERMONDE
MALINES
Bergop-Zoom

PLANS DES PRINCIPALES PLACES FORTES D'ESPAGNE.

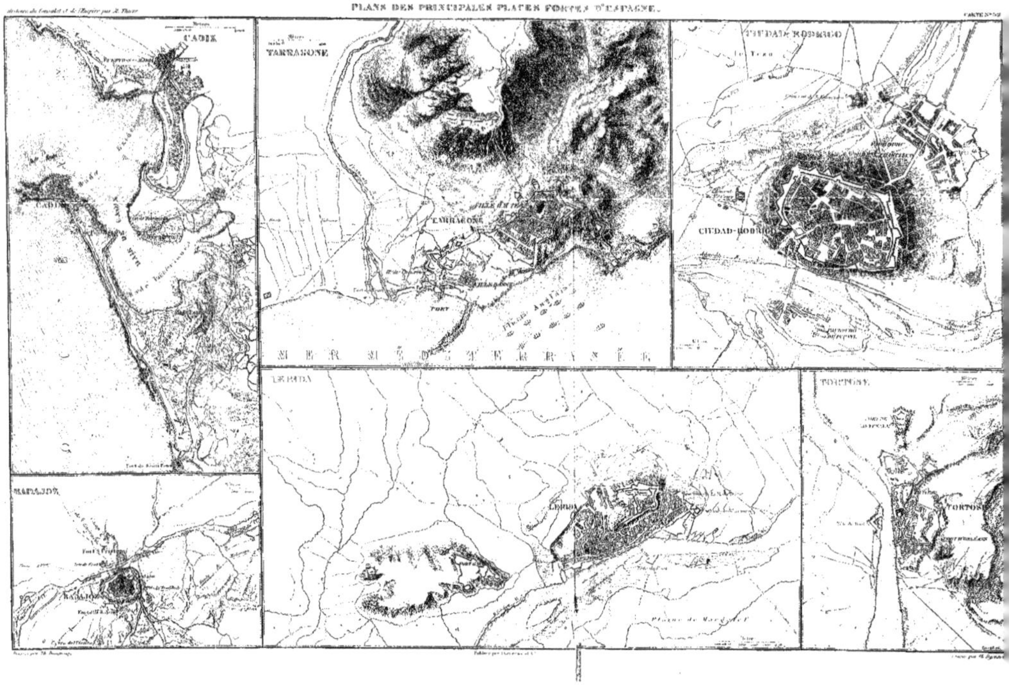
CADIX
TARRAGONE
CIUDAD-RODRIGO
MER MÉDITERRANÉE
LERIDA
TORTOSE
BADAJOZ
TARRAGONE
CIUDAD-RODRIGO
LERIDA
TORTOSE

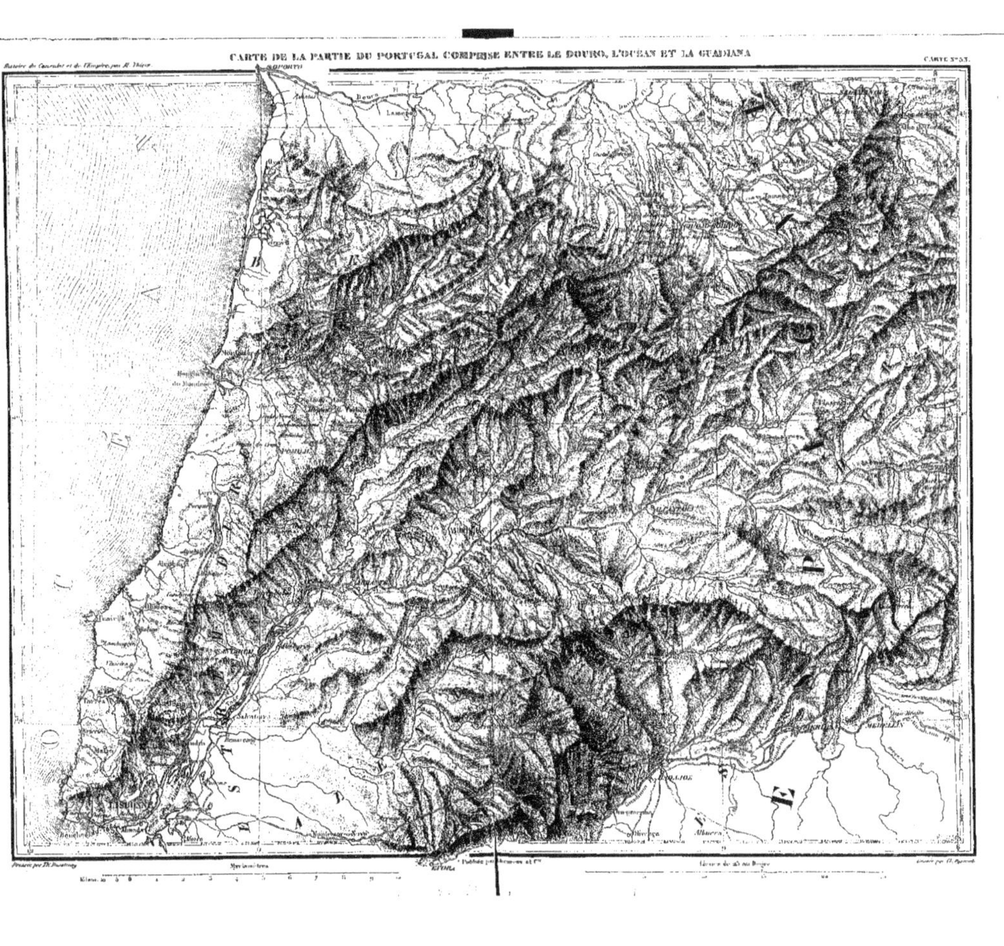

Documents manquants (pages, cahiers...)

NF Z 43-120-13

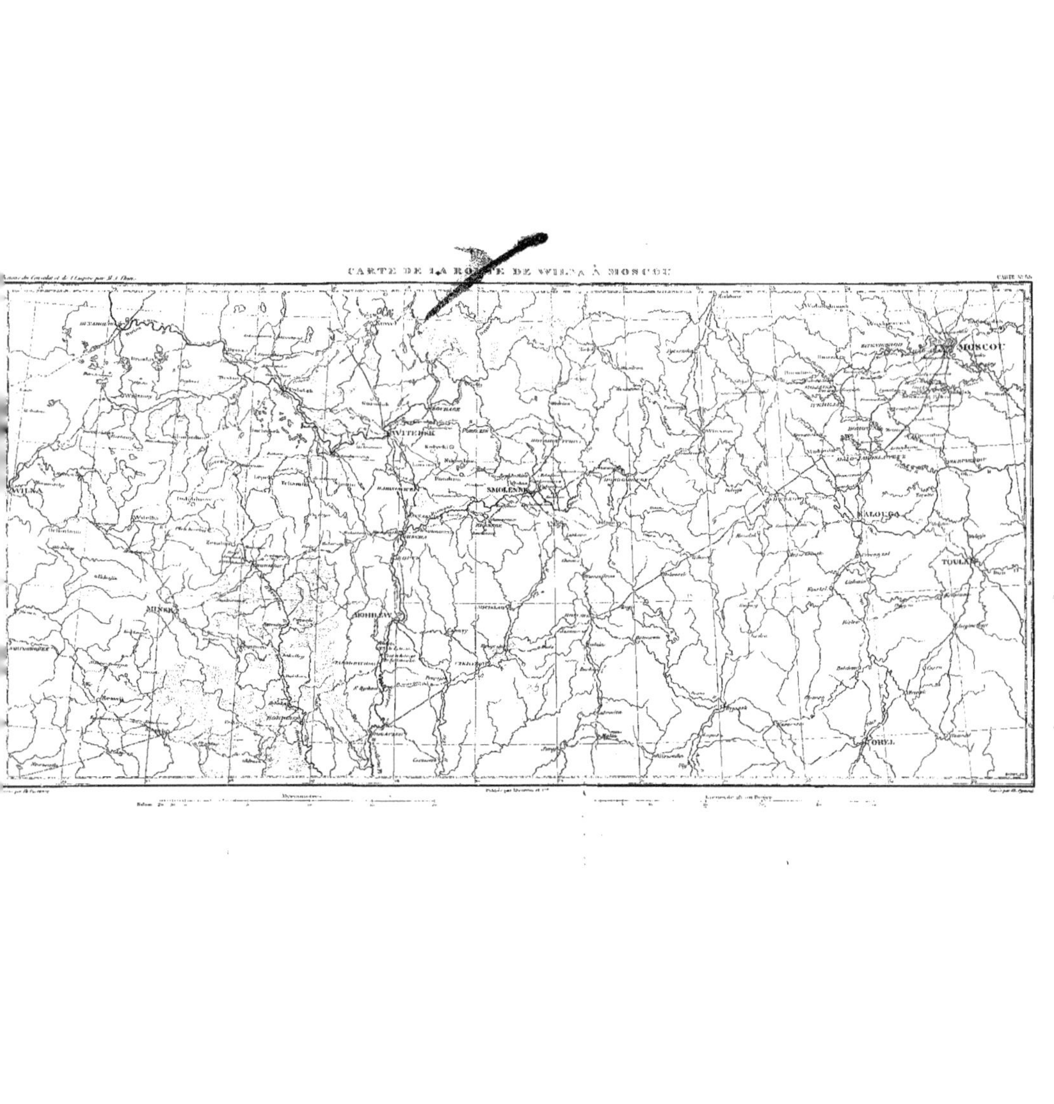

CARTE DE LA ROUTE DE WILNA À MOSCOU
WILNA
MINSK
MOHILOW
VITEBSK
SMOLENSK
MOSCOU
KALOUGA
TOULA
OREL

Histoire du Consulat et de l'Empire par M. Thiers
CARTE N°56
Bessubowo
MOSKOWA
Maslowo
BORODINO
Gorch
OUSTEAKOIE
Grande
Redoute
Schwardino
Borodino
Redoute
des Schwardino
Sémenoffskoié
Ratarinowo
Psarewo
OUTITZA
JELLNIA
Dessiné par Th. Brandimeg
Publié par Paulin et Cie
Gravé par Ch. Dyonnet

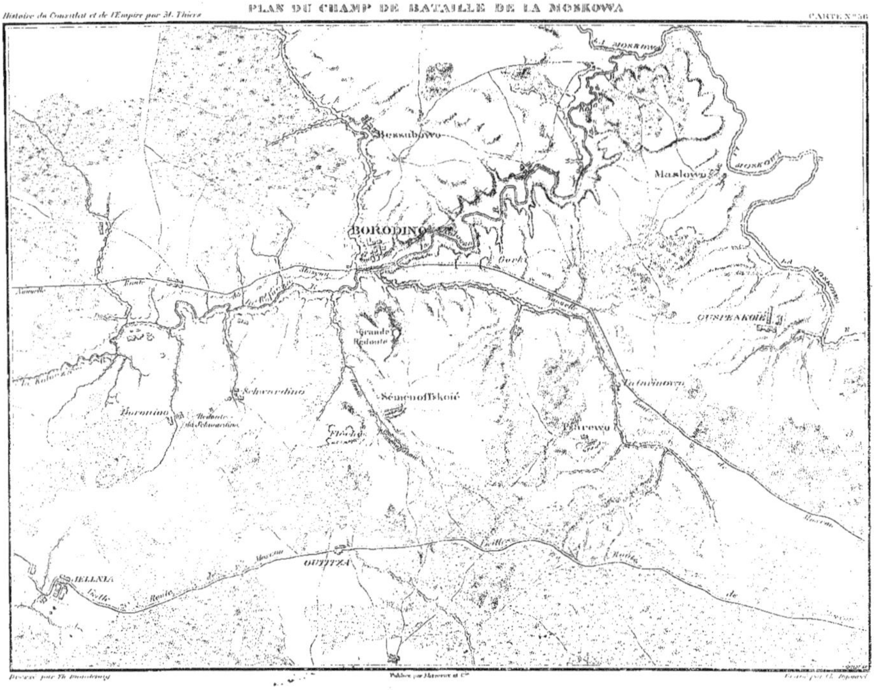

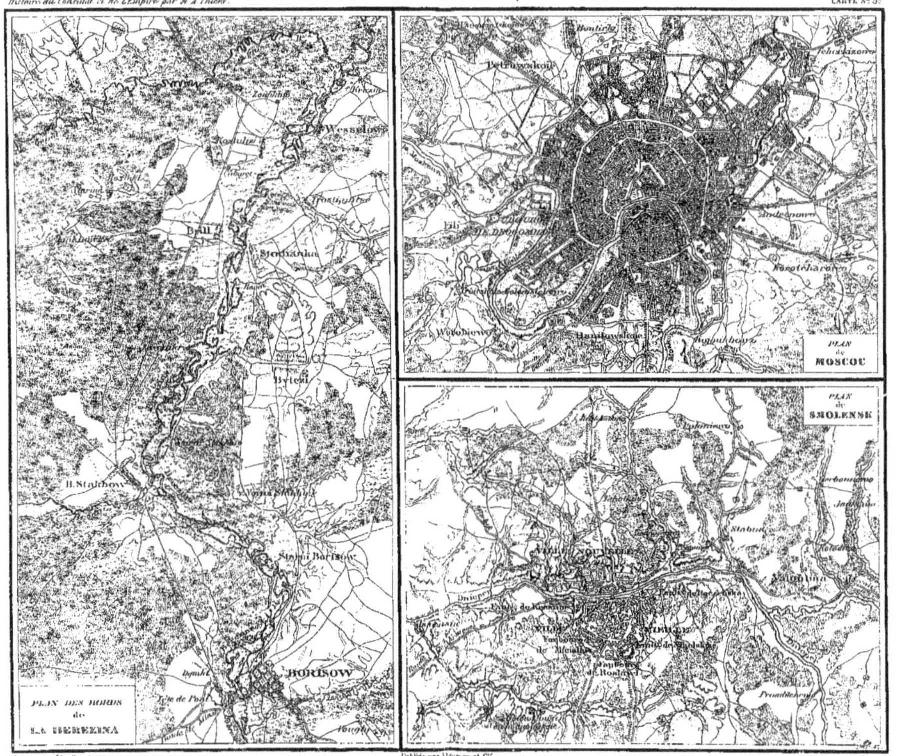

Dessiné par Ch. Dyonnet

Publié par Lheureux et Cie

PARIS. — IMP. DACLIN, RUE DU DRAGON.

Documents manquants (pages, cahiers...)

NF Z 43-120-13

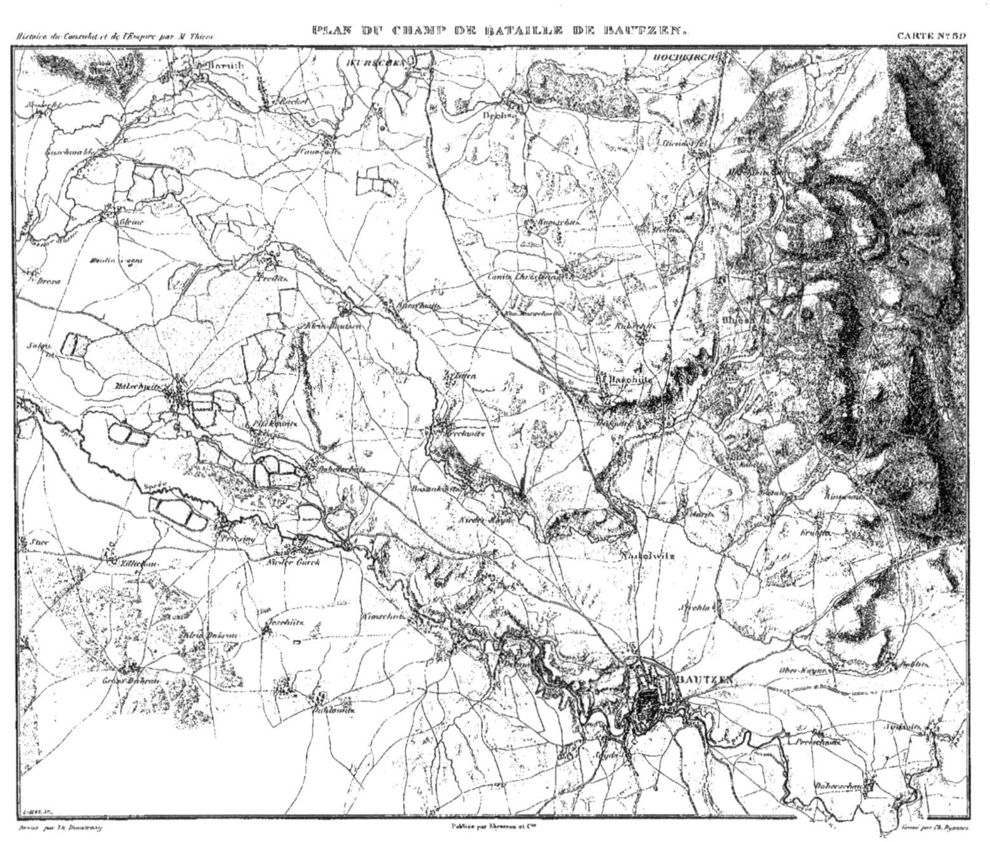

Dessiné par Th. Duvotenay   Publiée par Meuriau et C.ie   Gravé par Ch. Dyonnet

PARIS. — IMP. SIMON RAÇON ET COMP.., RUE D'ERFURTH, 1.

PLAN DE LEIPZIG ET DE SES ENVIRONS.

MER DU NORD
BELGIQUE
WESTPHALIE
AMSTERDAM
ZUYDER-ZÉE
OSNABRUCK
Minden
BRUXELLES
LILLE
AMIENS
SOISSONS
REIMS
PARIS
VERSAILLES
MELUN
FONTAINEBLEAU
TROYES
ORLÉANS
ORLÉANAIS
AUXERRE
BOURGES
NEVERS
CHATEAUROUX
BOURBONNAIS
MOULINS
CLERMONT-FERRAND
LYON
DIJON
BESANÇON
GRENOBLE
PIÉMONT
TURIN
NANCY
METZ
LUXEMBOURG
LIÈGE
NAMUR
MONS
AIX-LA-CHAPELLE
COLOGNE
SEDAN
MÉZIÈRES
VALENCIENNES
ARRAS
ABBEVILLE
St QUENTIN
MILHAU
St AFFRIQUE
Le VIGAN
ALAIS
AVIGNON
ORANGE
CARPENTRAS
FLORAC

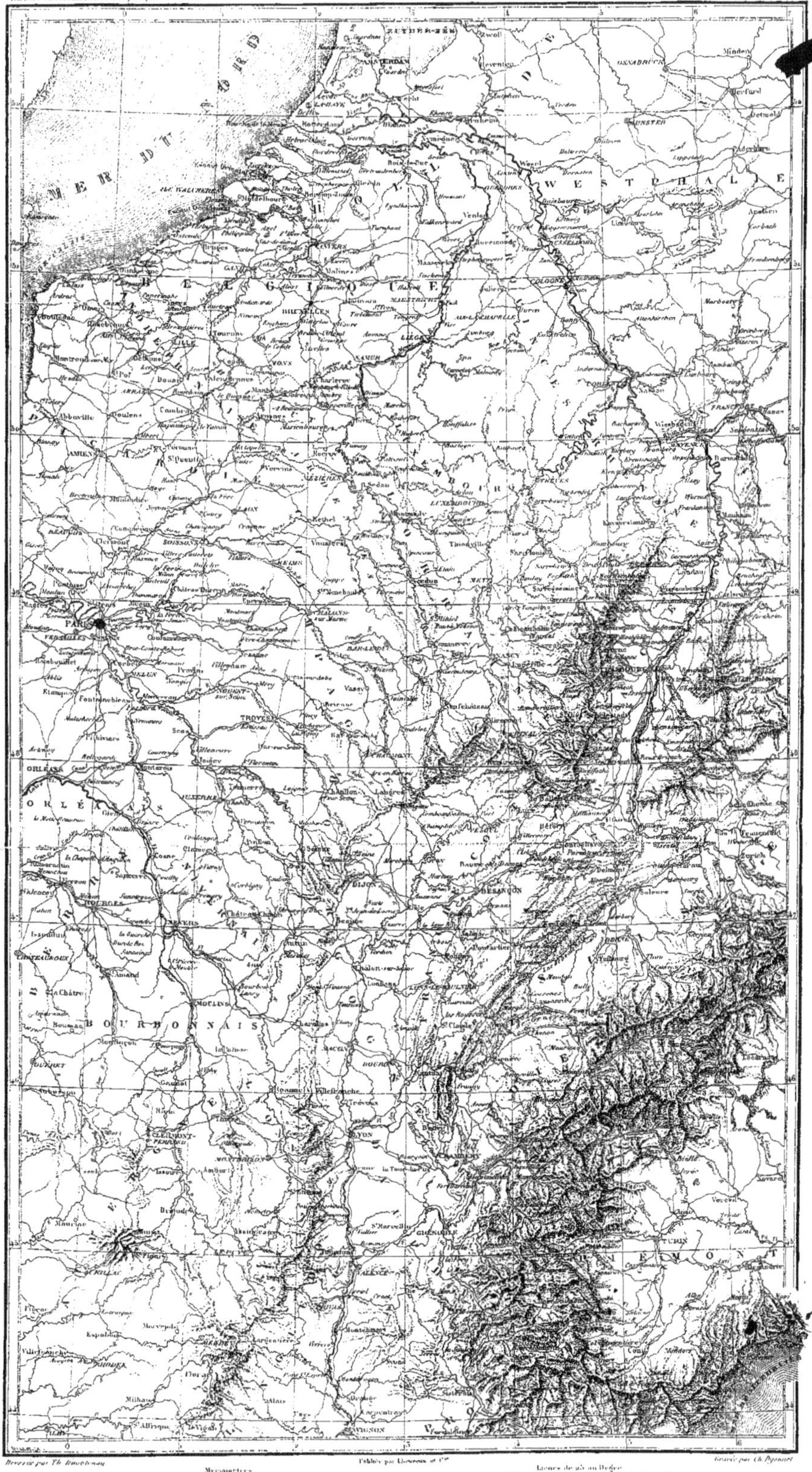

Dressé par Th. Duvotenay
Publié par Lheureux et Cie
Gravé par Ch. Dyonnet
Myriamètres
Lieues de 25 au Degré

Documents manquants (pages, cahiers...)

NF Z 43-120-13

Histoire du Consulat et de l'Empire par M. Thiers.

ENVIRONS
DE
MONTMIRAIL

FORÊT DU GRAND-ORIENT

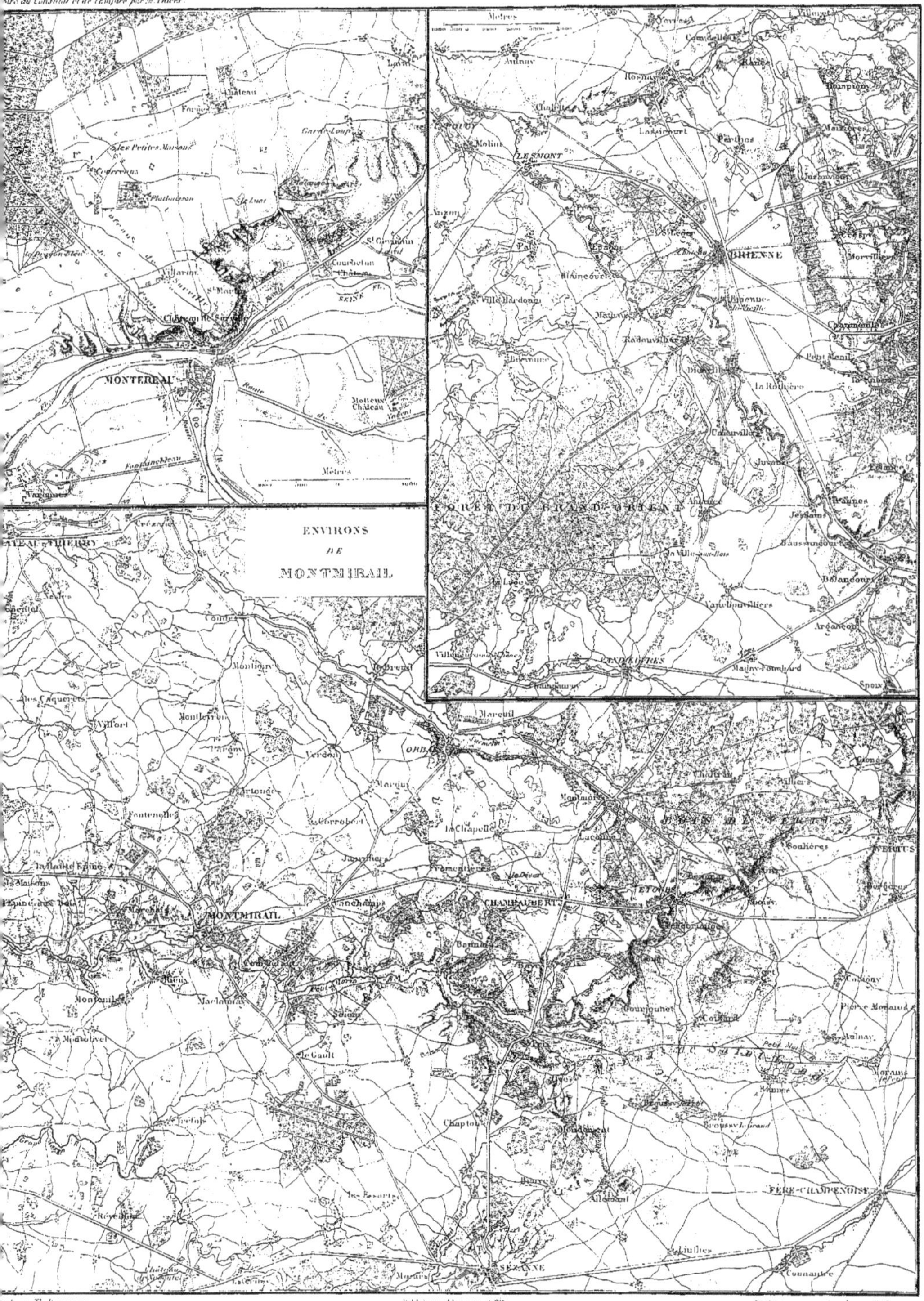

MONTEREAU

MONTMIRAIL

BRIENNE

CHAMPAUBERT

FÈRE-CHAMPENOISE

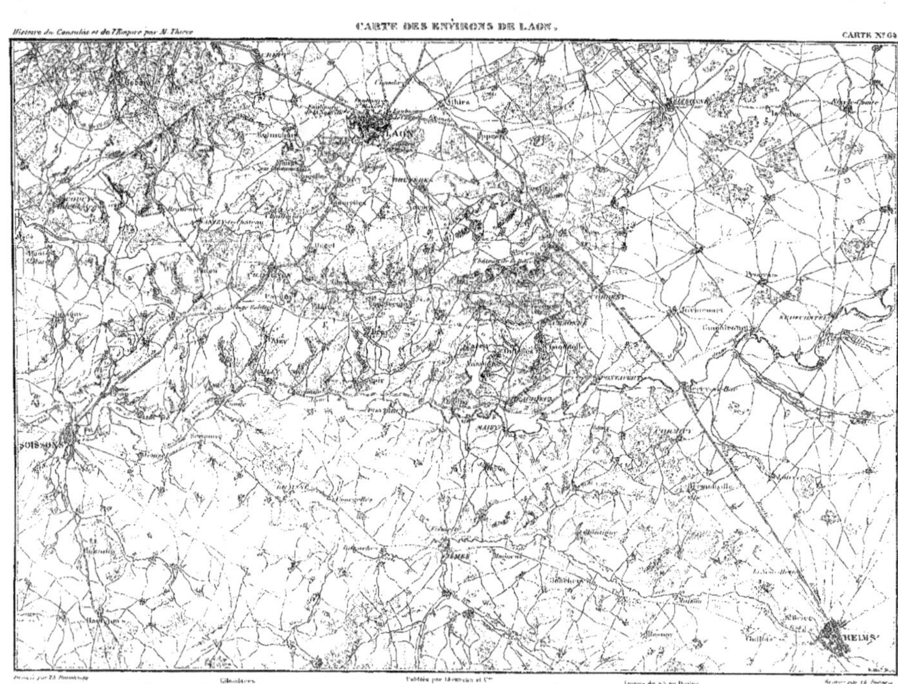
LAON
SOISSONS
REIMS
Chivre
Laffaux
Anizy-le-Château
Craonne
Berry-au-Bac
Fismes
Corbeny
Neufchâtel
Braisne

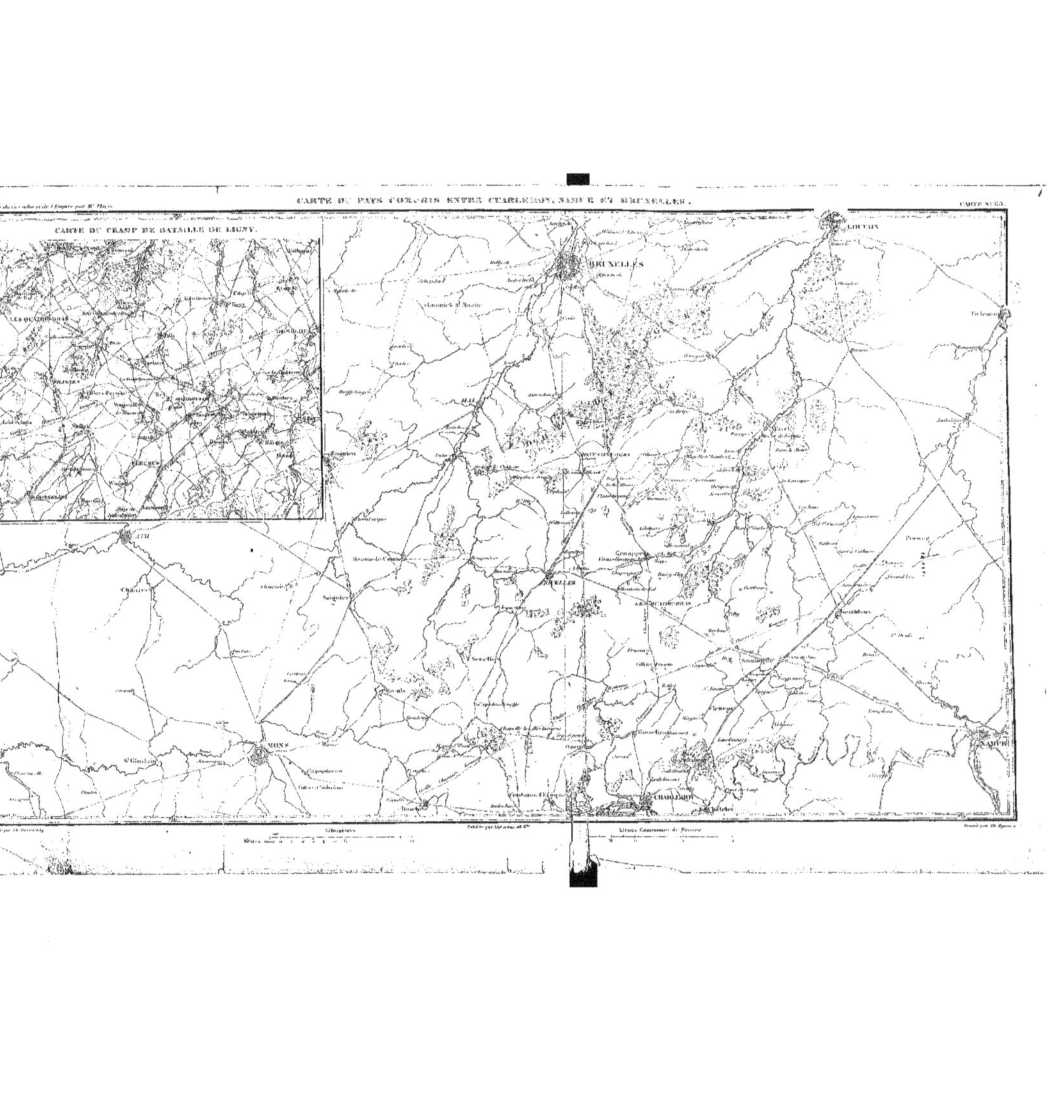

CARTE DU PAYS COMPRIS ENTRE CHARLEROY, NAMUR ET BRUXELLES.
CARTE N° 65.
CARTE DU CHAMP DE BATAILLE DE LIGNY.
LES QUATRE-BRAS
BRUXELLES
LOUVAIN
MONS
CHARLEROY
S.t Ghislain
NAMUR

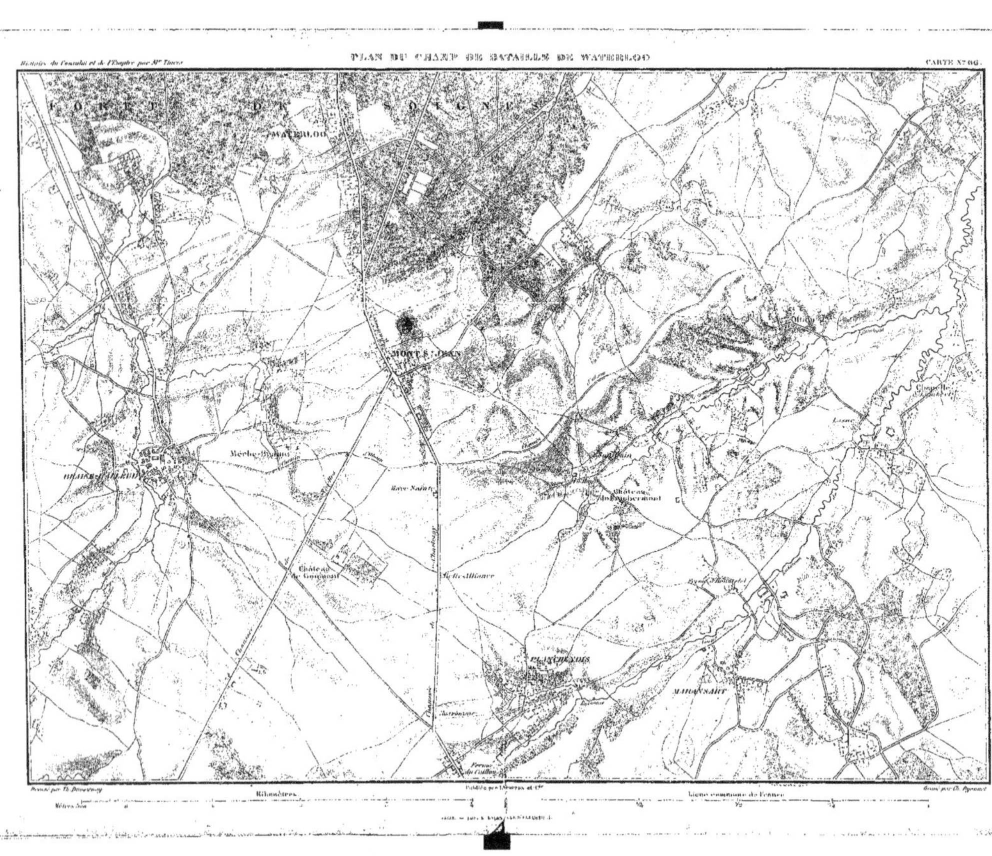
FORÊT DE SOIGNES
WATERLOO
MONT S.T JEAN
Merbe-Braine
BRAINE-L'ALLEUD
Haie-Sainte
Château de Goumont
Belle-Alliance
Château de Frischermont
PLANCHENOIS
MARANSART
Ferme du Caillou

www.ingramcontent.com/pod-product-compliance
Lightning Source LLC
Chambersburg PA
CBHW061257060726
47596CB00002B/635